La Guía Ilustrada de Formatos de Video

Escrita e ilustrada por
Ashley Blewer
Traducción por Valeria Dávila

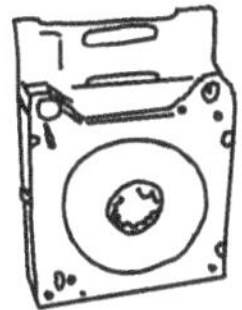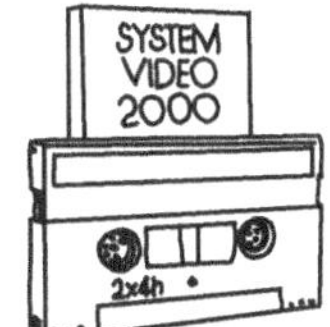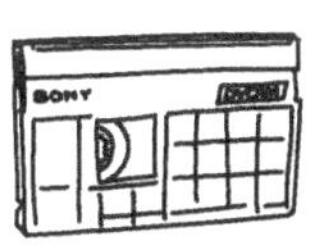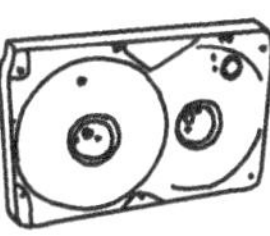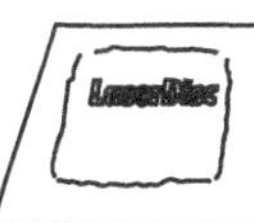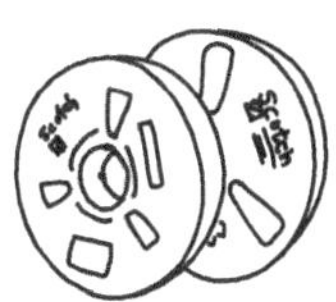
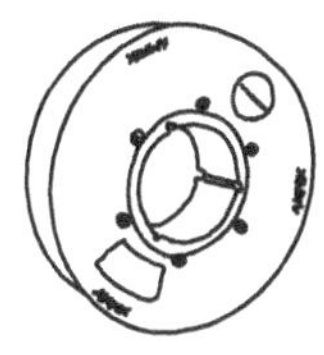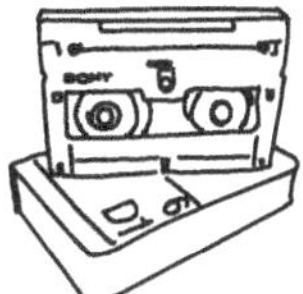
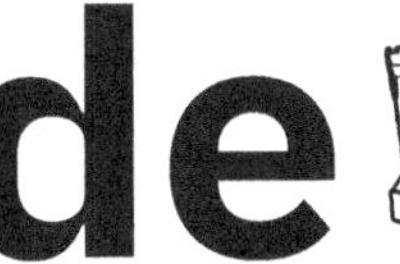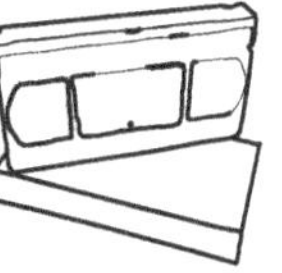

La Guía Ilustrada de Formatos de Video

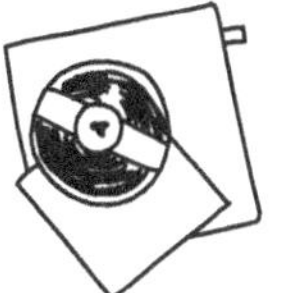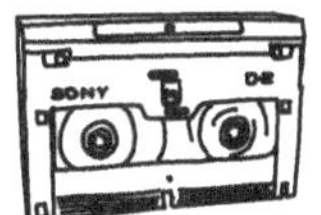
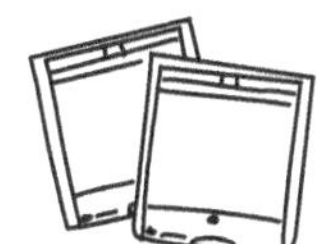

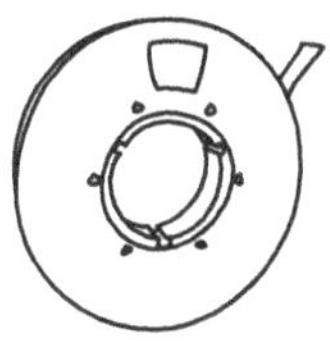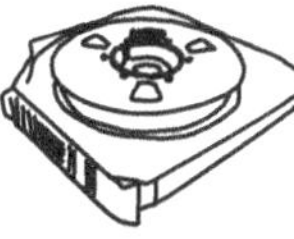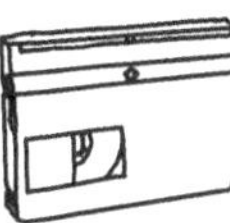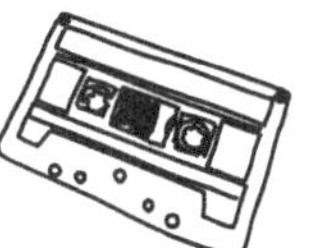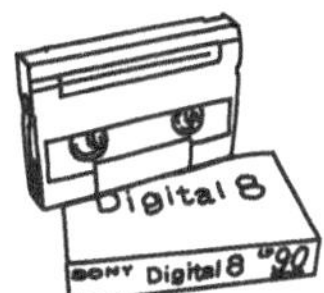
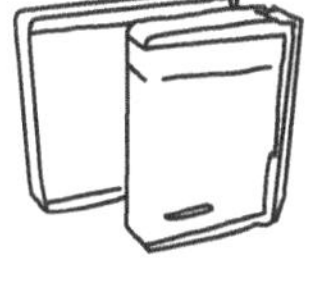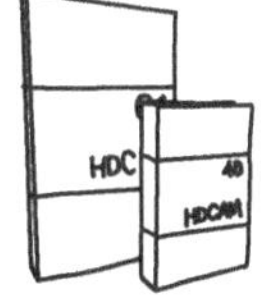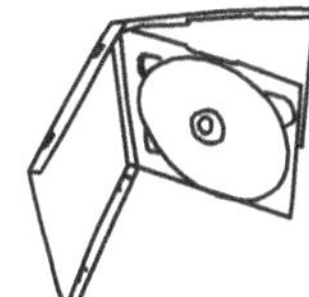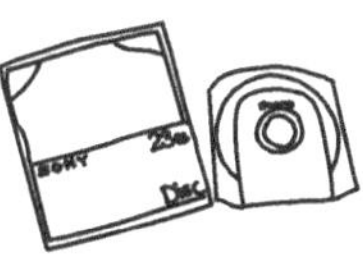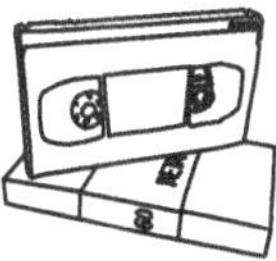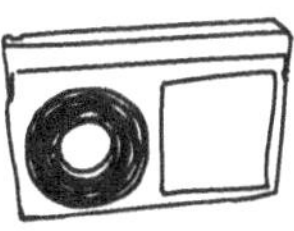
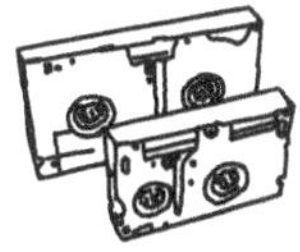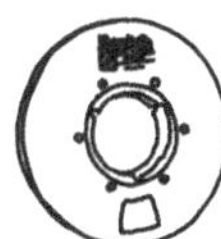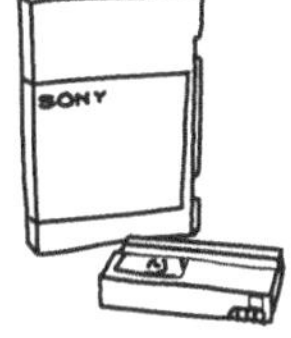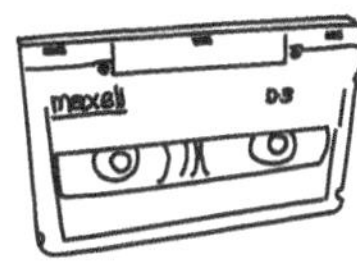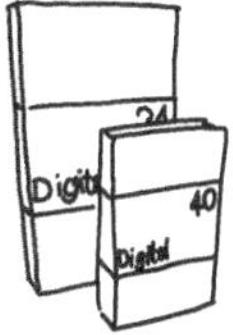
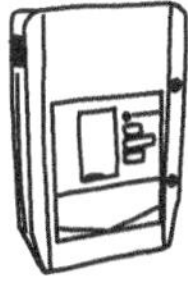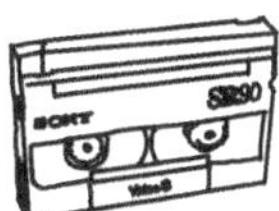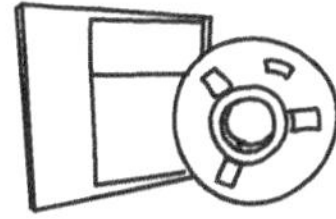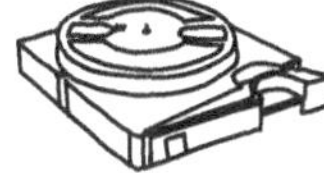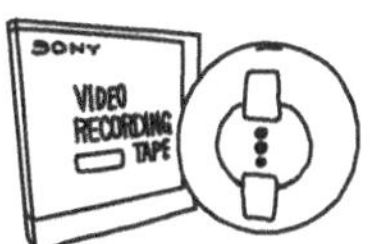
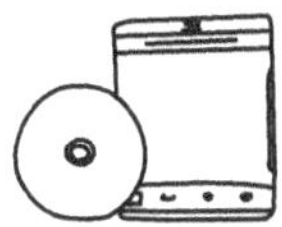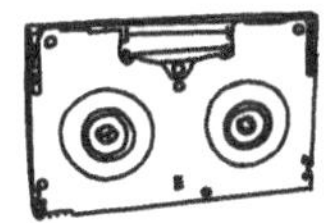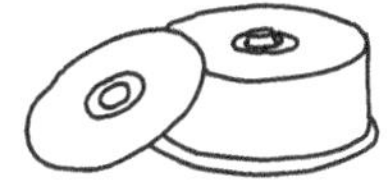

Escrita e ilustrada por
Ashley Blewer

Traducción por Valeria Dávila

Tabla de contenido

Introducción

Este libro proporciona una descripción general introductoria de
treinta y seis formatos de video históricamente significativos,
desarrollados entre 1956 y 2006. Esta colección comienza con el
primer gran formato de carrete de video, el video Quadruplex de 2
pulgadas (inventado en 1956) y concluye con el disco Blu-ray
(introducido en 2006).

Cada página de formato incluye los siguientes detalles:

También conocido como: Cualquier otro nombre notable con el que
este formato era "también conocido (como)"

Formato: si el formato era principalmente analógico o digital

Desarrollado por: El principal desarrollador, fabricante o titular
de la patente del formato.

Era: la era aproximada de producción (reconociendo que las fechas
de finalización son particularmente confusas, ya que algunos
formatos continuaron usándose mucho después de su fecha de
vencimiento de producción)

Capacidad: la duración máxima que el formato pudía contener

Tamaño: La(s) dimensión(es) física(s) más común(es) para el
formato, medida en pulgadas (para diámetros de carrete) o
centímetros (para cartuchos u otros objetos rectangulares)

Datos curiosos: tres frases informativas sobre el formato

Hay al menos el doble de formatos que entraron en producción
durante la era del video, y no todos están incluidos en esta guía.
Además, algunos formatos se han reunido en familias (p. ej.,
Betacam, DVCPro, U-matic) o en algunos pares de familias (p. ej.,
V-Cord y V-Cord II) en aras de la brevedad.

Este libro hace todo lo posible para ofrecer un resumen de alto
nivel de los formatos como los mismos podían ser descubiertos. Hay
tantos aspectos técnicos más interesantes de cada formato que no
cupieron en este libro. Por nombrar solo algunos: ancho de cinta,
grosor, material, canales de audio, bandas, anchos de banda,
frecuencias de muestreo, espacios de color y muchas más
propiedades fascinantes. ¡Espero que disfrutes de esta guía
ilustrada y te animo a que explores cada uno de los formatos más a
fondo por tu cuenta!

Quadrúplex de 2-pulgadas

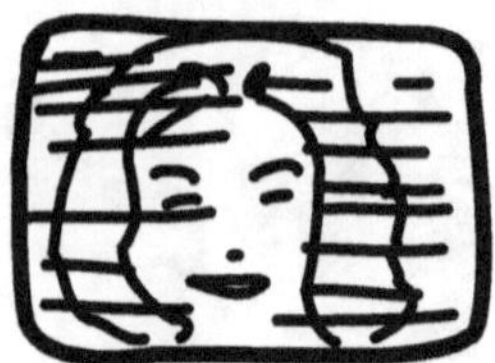
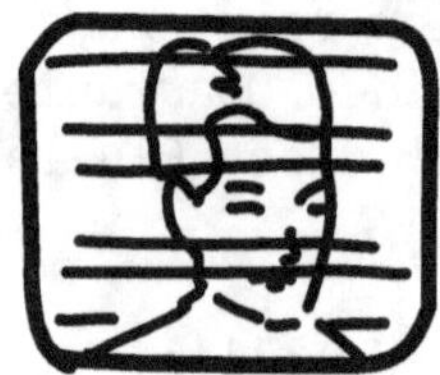
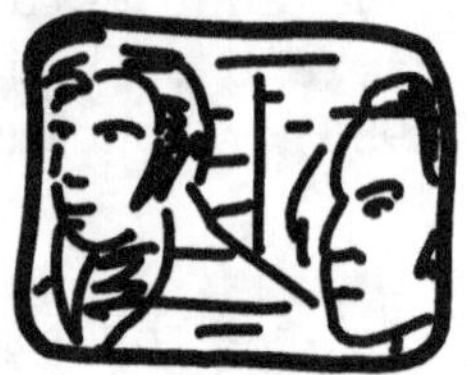
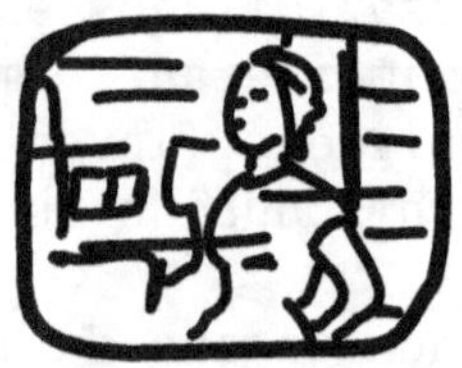

Desarrollado por
Ampex

También conocido como
Quad, Cuadrúplex

Era
1956-principios de la decada de 1980

Formato
analógico

Capacidad
1 hora

Tamaño
Carrete de 12 pulgadas

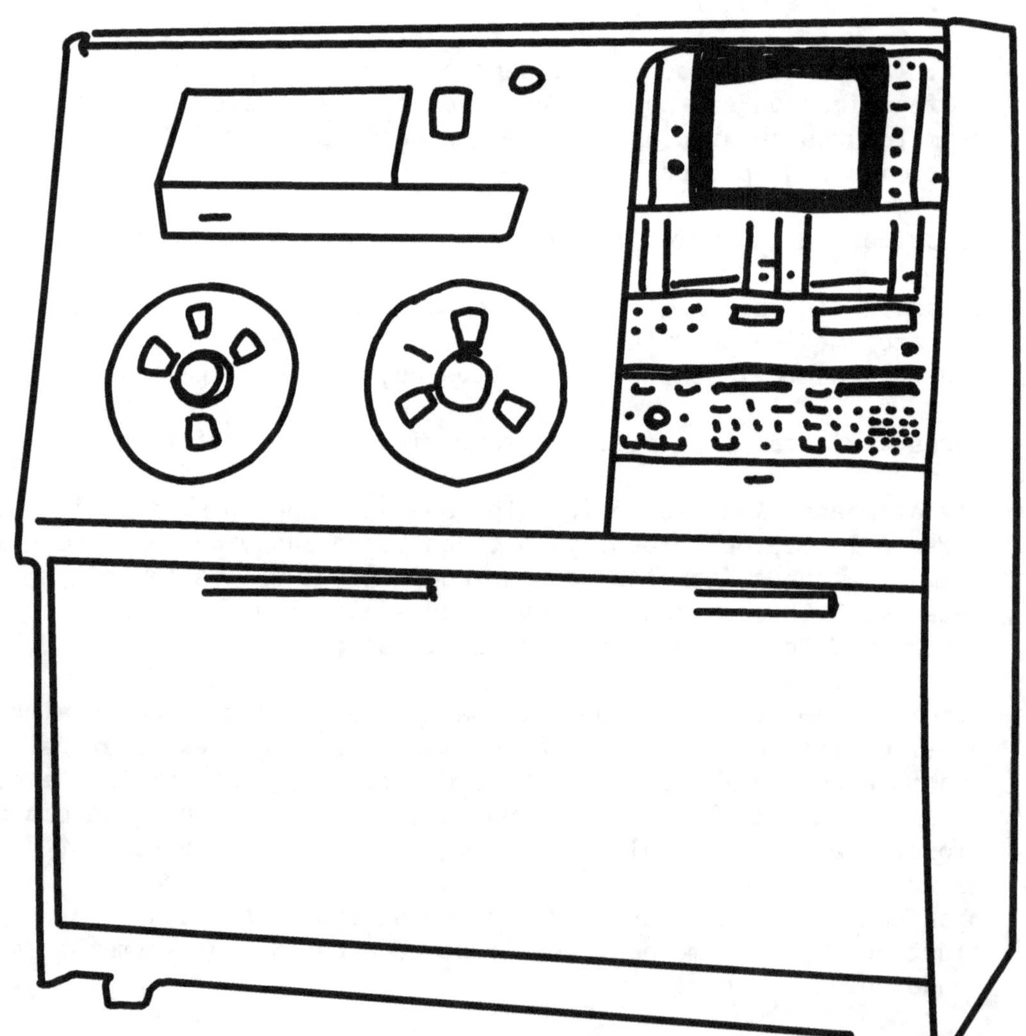

Dato curioso
Este formato fue el estándar de transmisión desde su invención hasta el debut del Tipo C de 1 pulgada en 1976

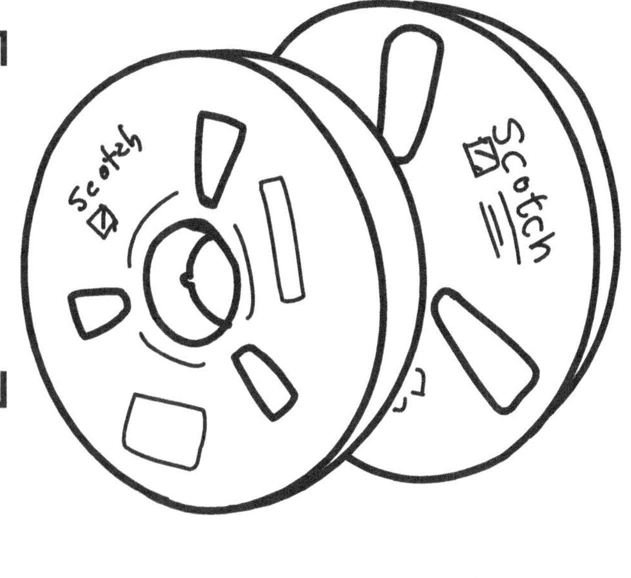

Scotch
Scotch

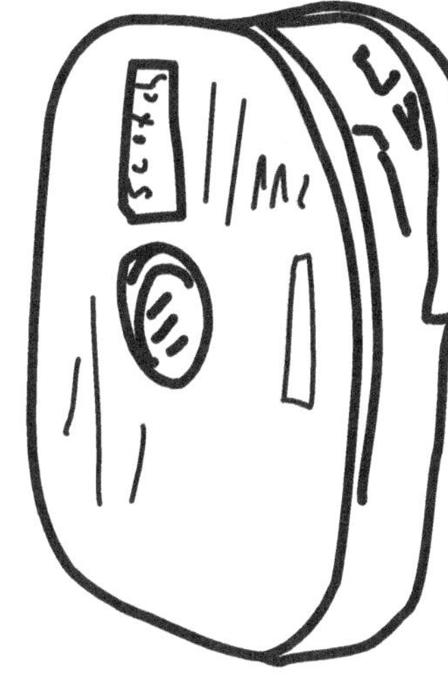

Dato curioso
Este formato fue empleado por compañías de televisión para transmitir un show al mismo tiempo en las costas Este y Oeste de los Estados Unidos

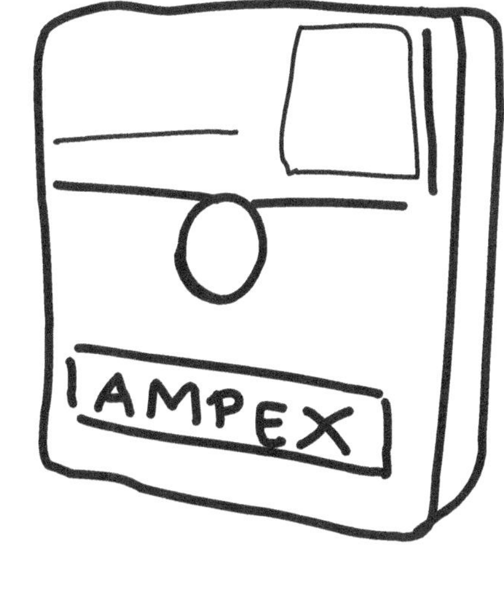

AMPEX

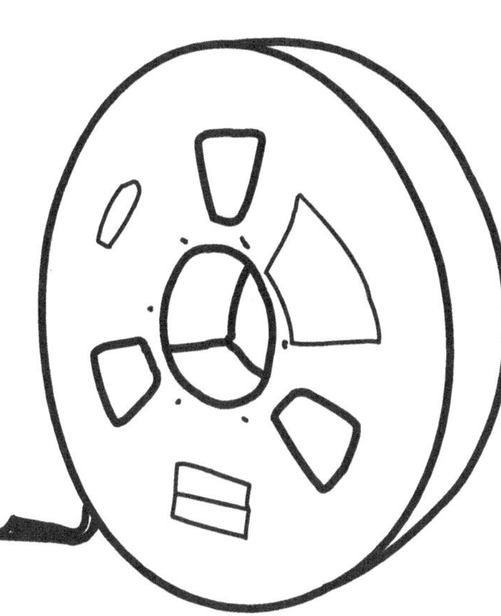

Dato curioso
La mayoría de los formatos de video usaban escaneo helicoidal, donde el video se escanea diagonalmente, ero el Quad de 2 pulgadas se basa, en cambio, en el escaneo en cuadratura, donde 4 cabezales de video escanean la cinta en un ángulo de 90°

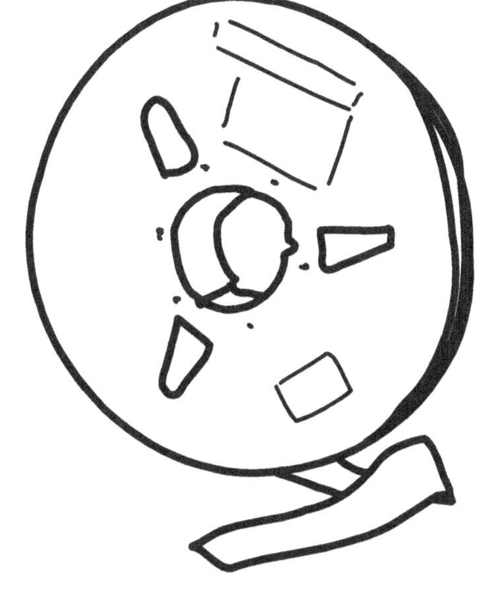

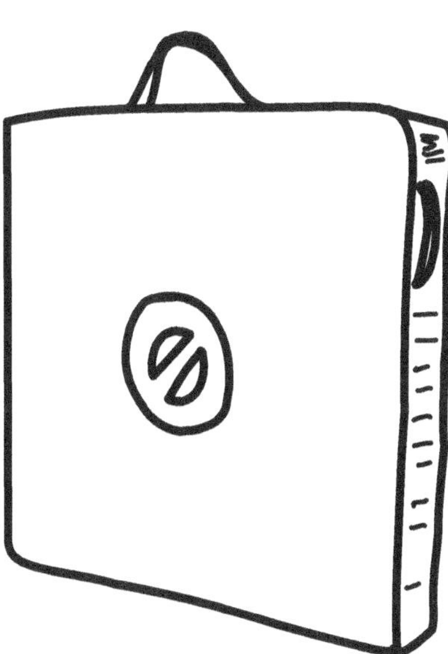

Helicoidal de 2-pulgadas

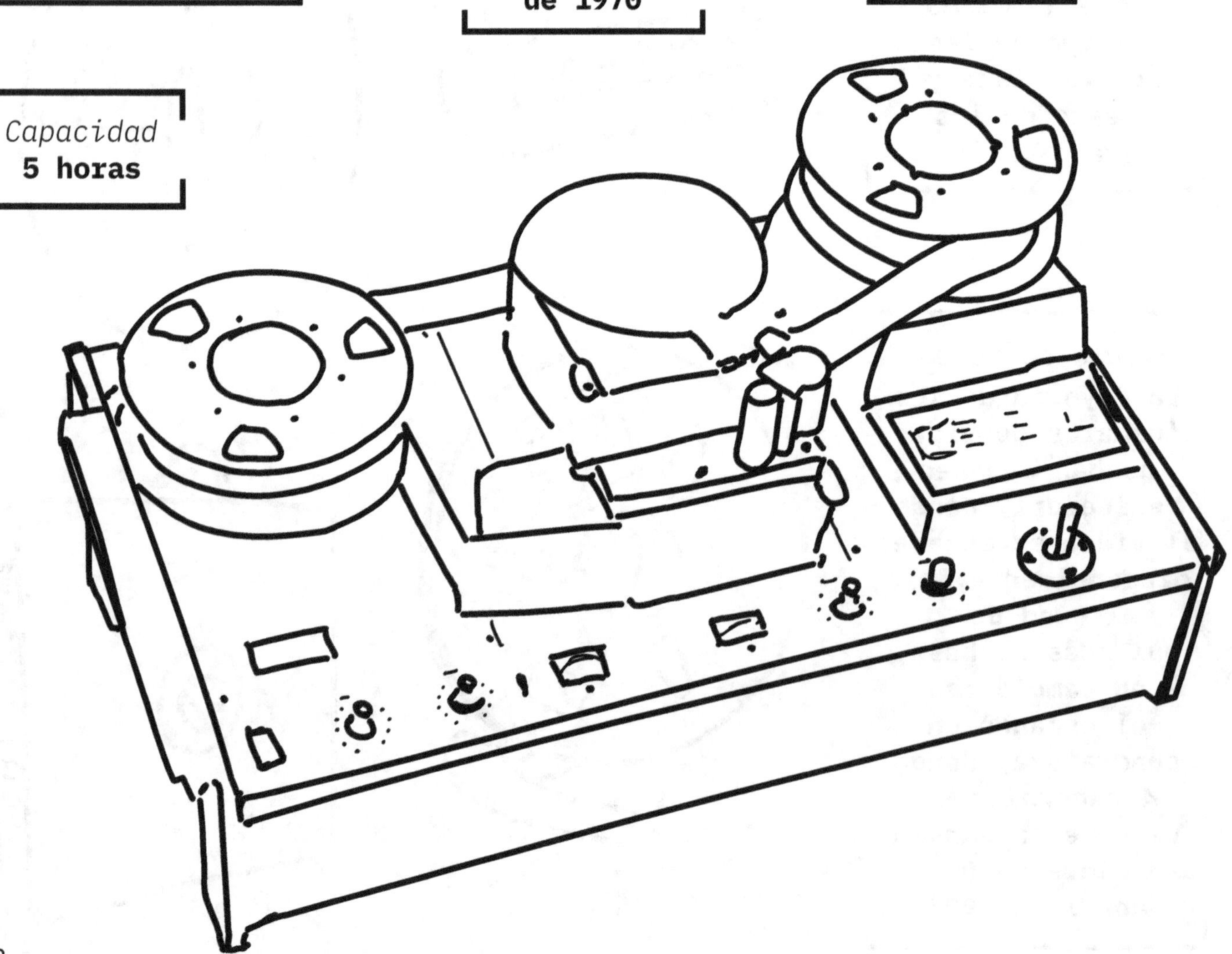

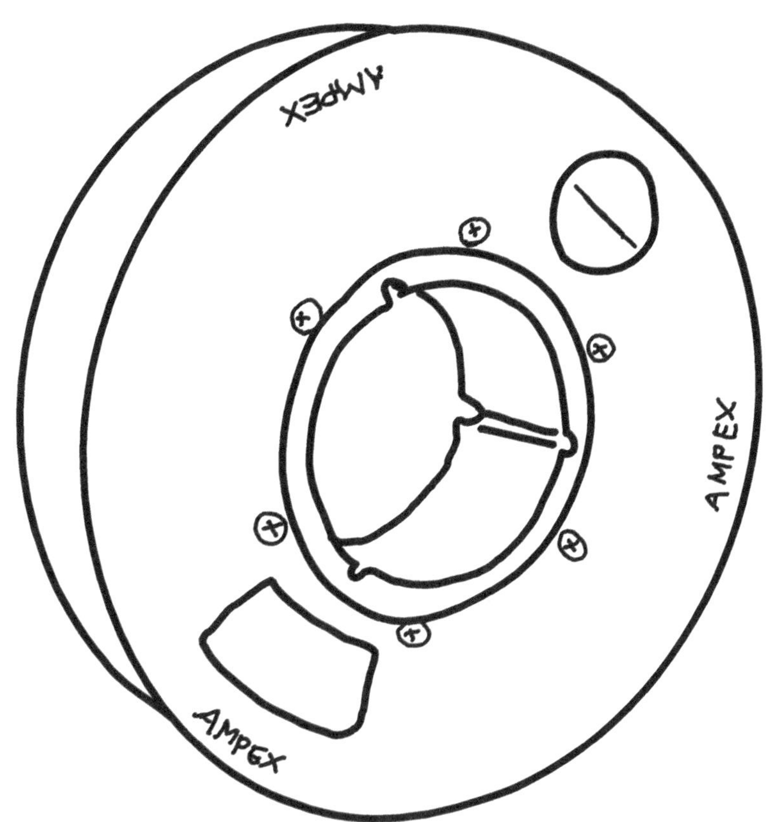

AMPEX
AMPEX
AMPEX

Dato curioso
La VR-660 (la versión profesional de la casetera de escaneo helicoidal de 2 pulgadas) pesaba 100 libras (casi 45,5 kilos), lo cual se consideraba liviano en comparación con otras videocaseteras de la época

Dato curioso
Este formato no era adecuado para transmisión y la máquina era por demás grande y costosa para los consumidores, por lo que este formato fue comercializado en los sectores de la industria y la educación

Dato curioso
La cinta de 2 pulgadas corre a 3.7 pulgadas por segundo

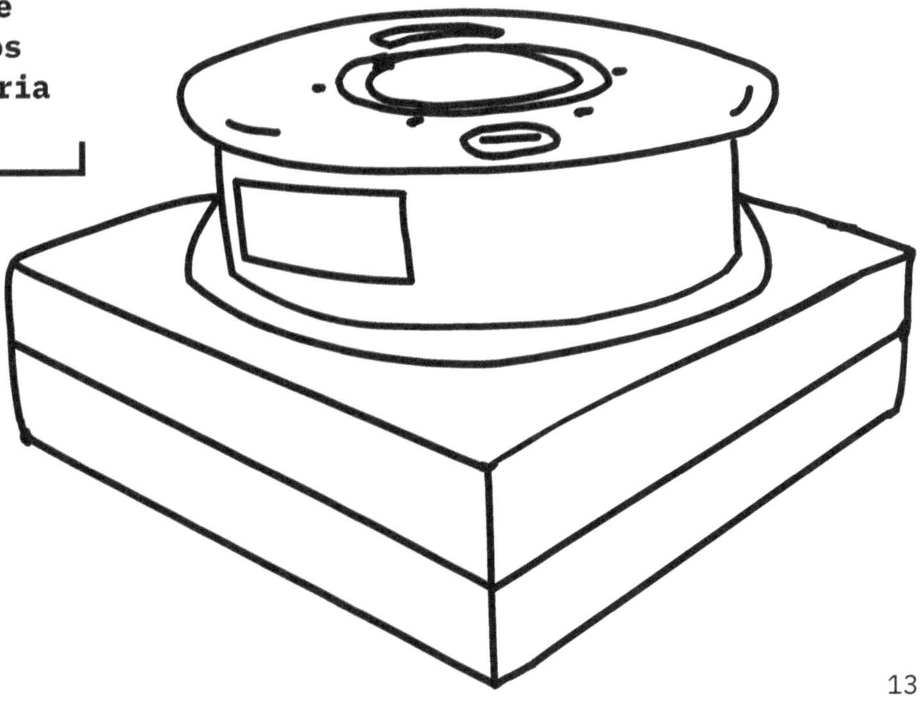

Cinta de video CV de 1/2 pulgada

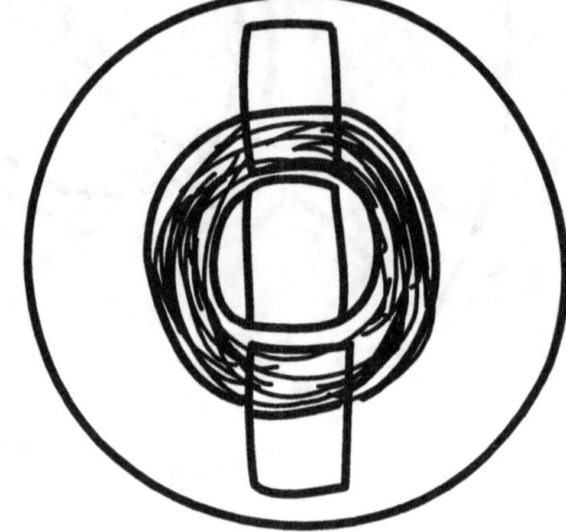

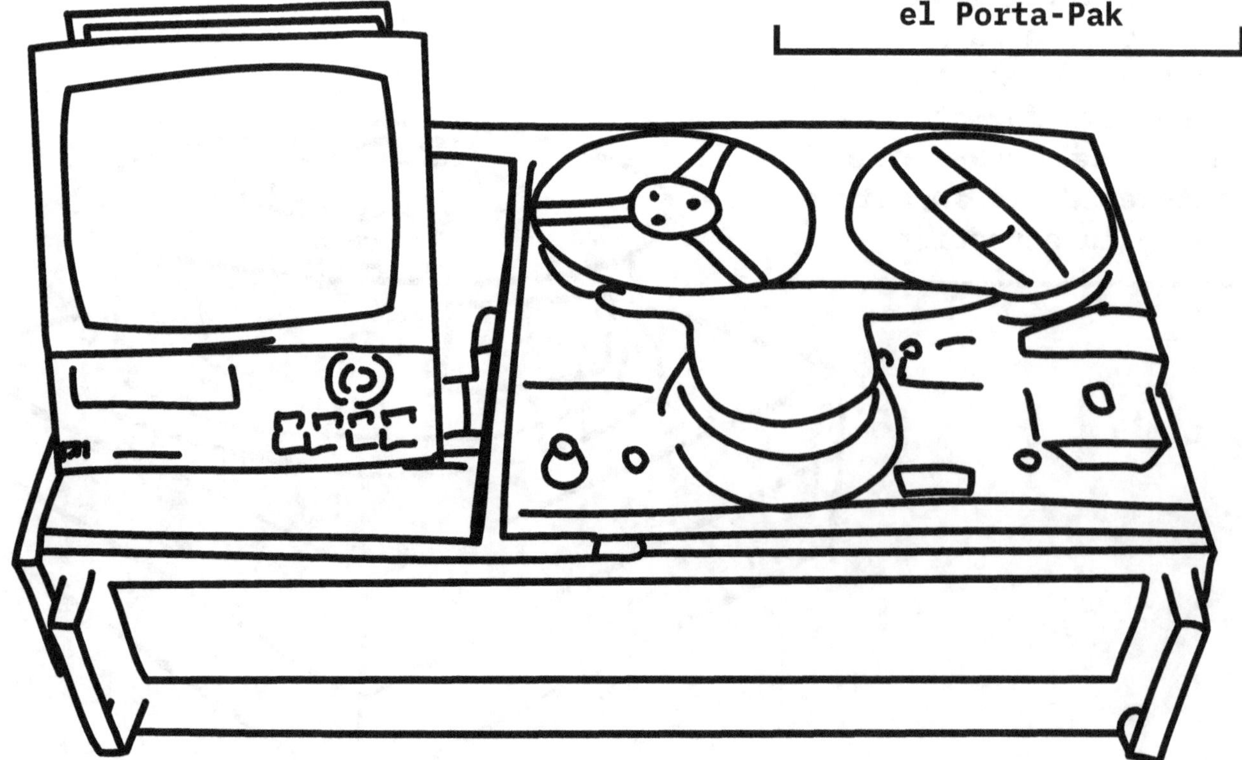

Dato curioso
Este formato
era más
barato y
pequeño que
los formatos
de carrete
abierto previos,
y fue el
primero en
apuntar al
mercado no
profesional
y de uso
hogareño

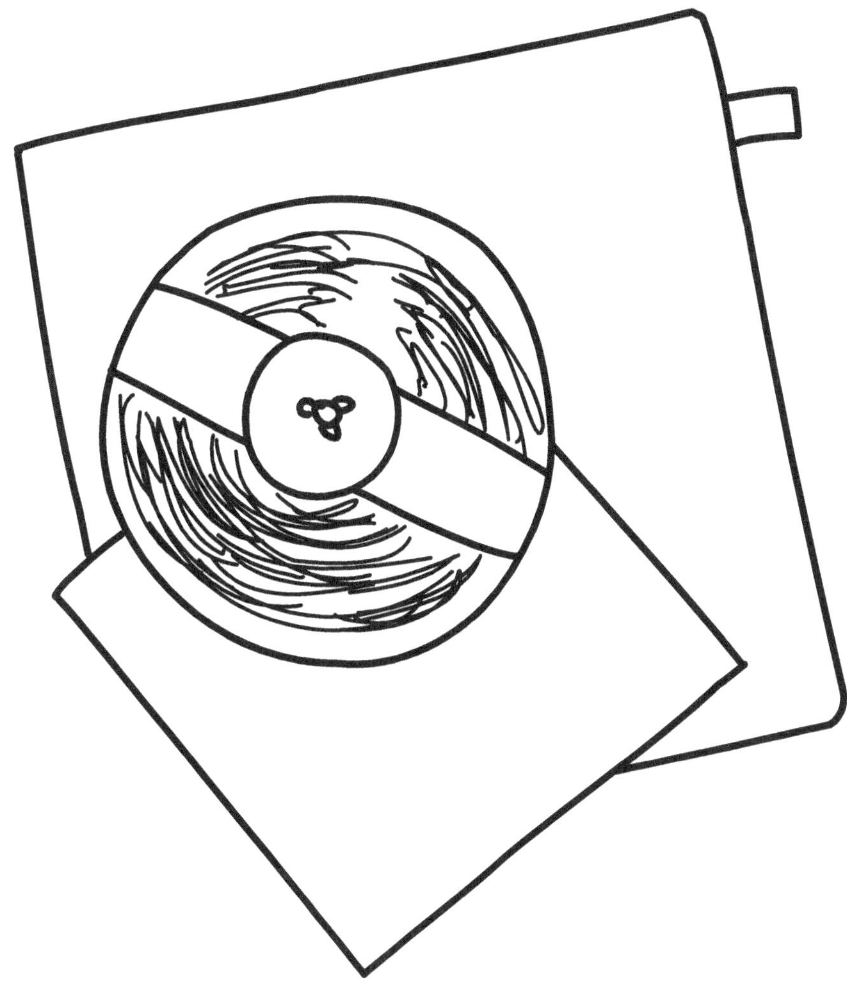

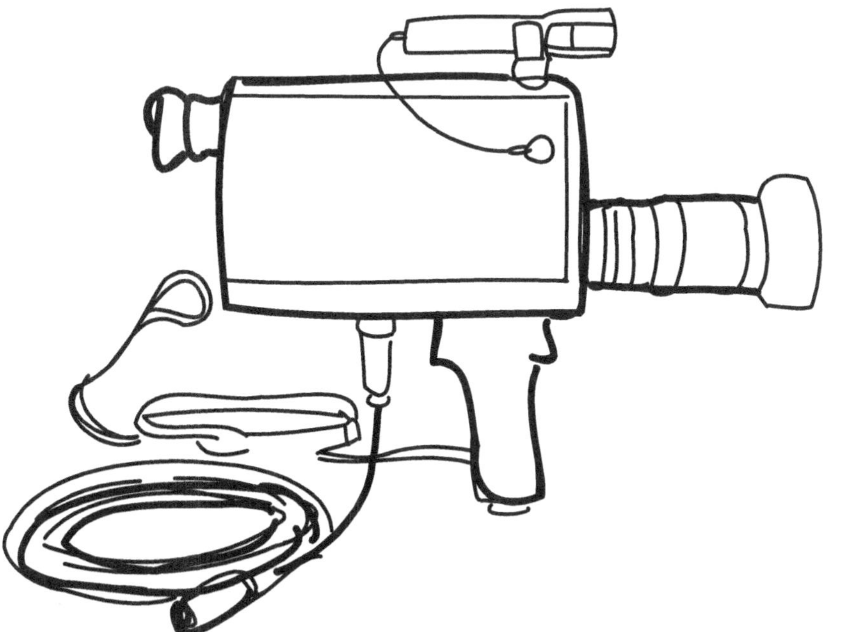

Dato curioso
Este formato era
también conocido
como *skip-field*,
porque "saltaba
un campo" al
grabar un campo
de video y
repetirlo dos
veces durante
la reproducción

Tipo A de 1-pulgada

También conocido como
SMPTE tipo A, Formato A

Desarrollado por
Ampex

Formato
analógico

Capacidad
1 hora

Dato curioso
Los Tipos A, B, y C de 1 pulgada no son compatibles entre sí

Tamaño
Carretes de hasta 12 pulgadas

Era
1965–década de 1970

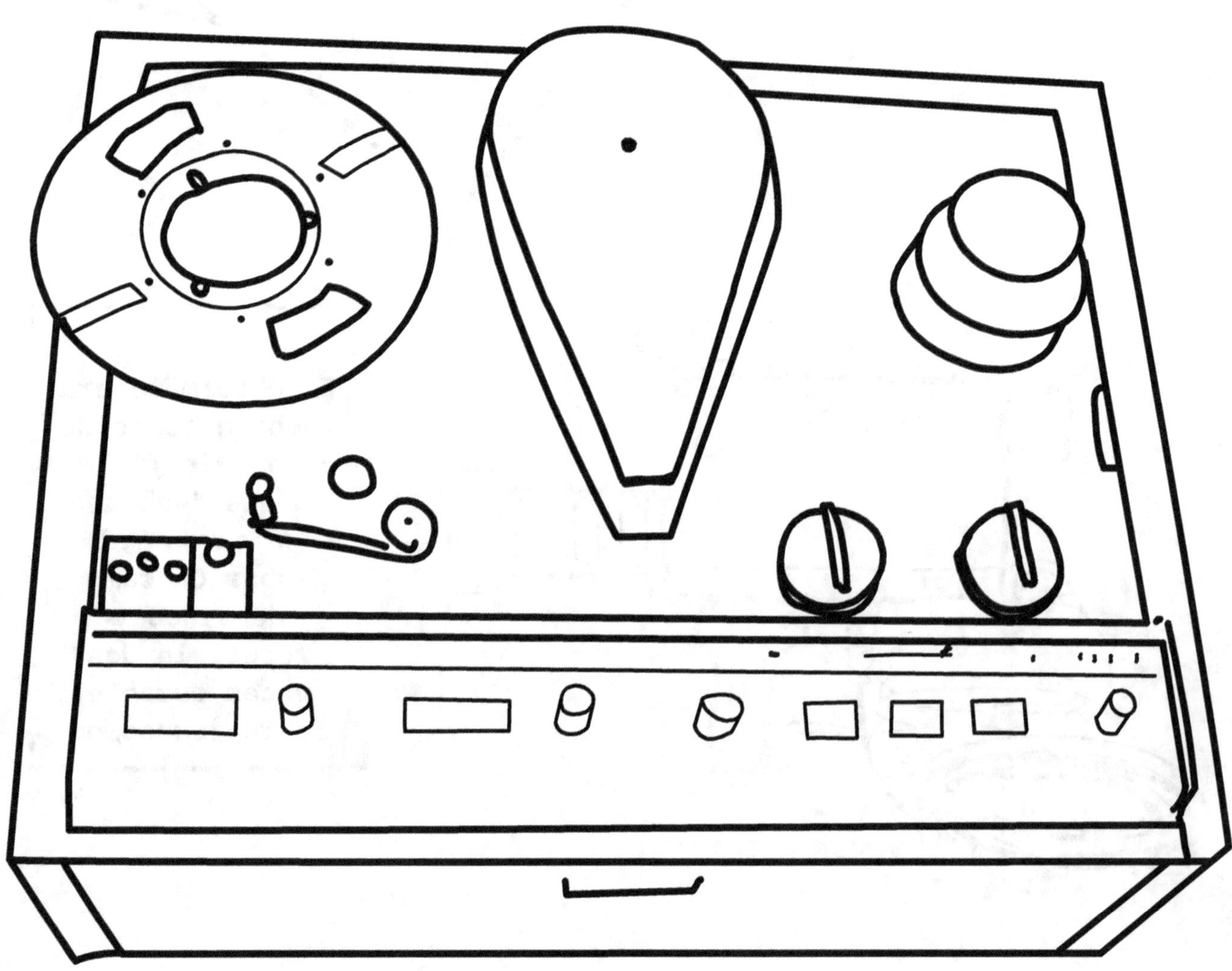

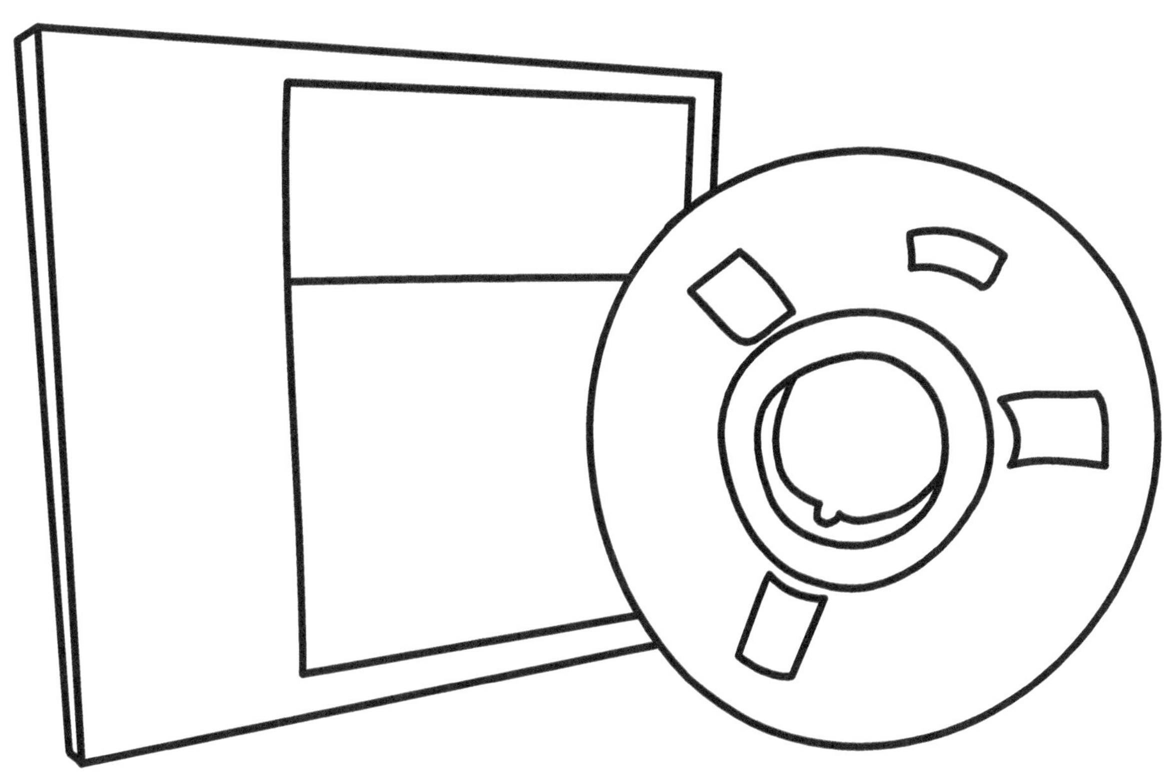

Dato curioso
Este formato no fue empleado para transmisión televisiva porque no cumplía las especificaciones de transmisión para formatos de cinta de video de la Comisión Federal de Comunicaciones (FCC)

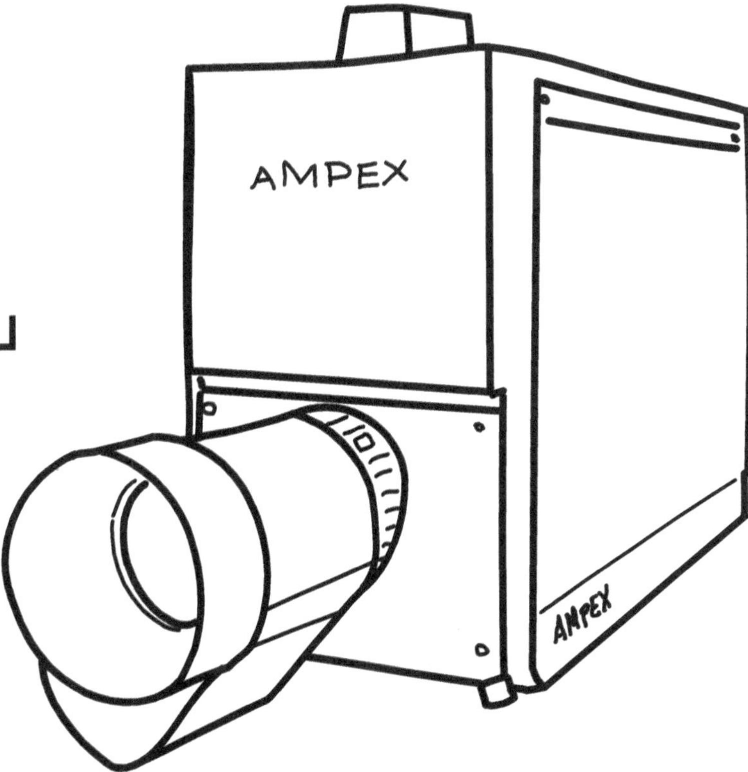

AMPEX
AMPEX

Dato curioso
Este formato era empleado por la Agencia de Comunicaciones de la Casa Blanca entre 1966 y 1969

IVC de 1 pulgada

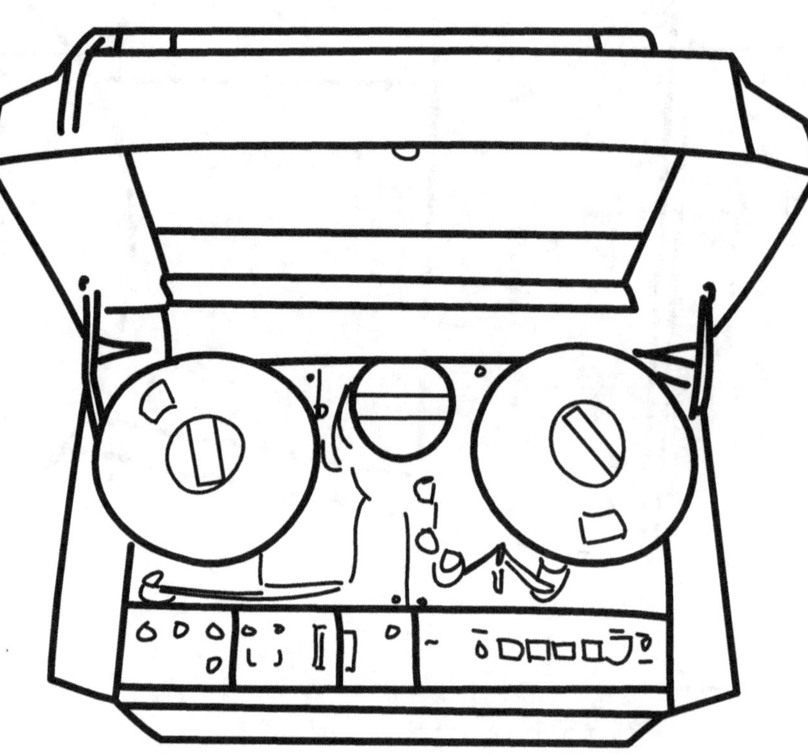

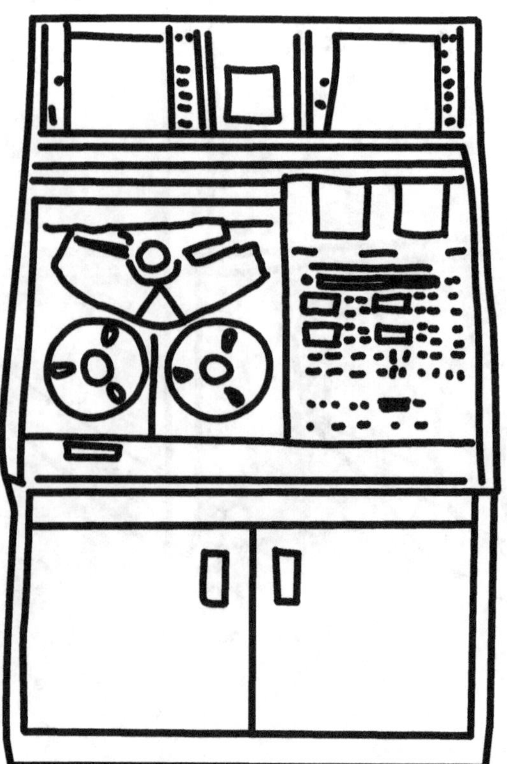

Dato curioso
IVC (UK Ltd.) ganó
un premio de la
Royal Television
Society en 1984 por
producto nuevo
sobresaliente del
año y un Queen's
Award for Technology
en 1985

Dato curioso
Este formato se
comercializó
mayormente en
los Estados
Unidos y el
Reino Unido

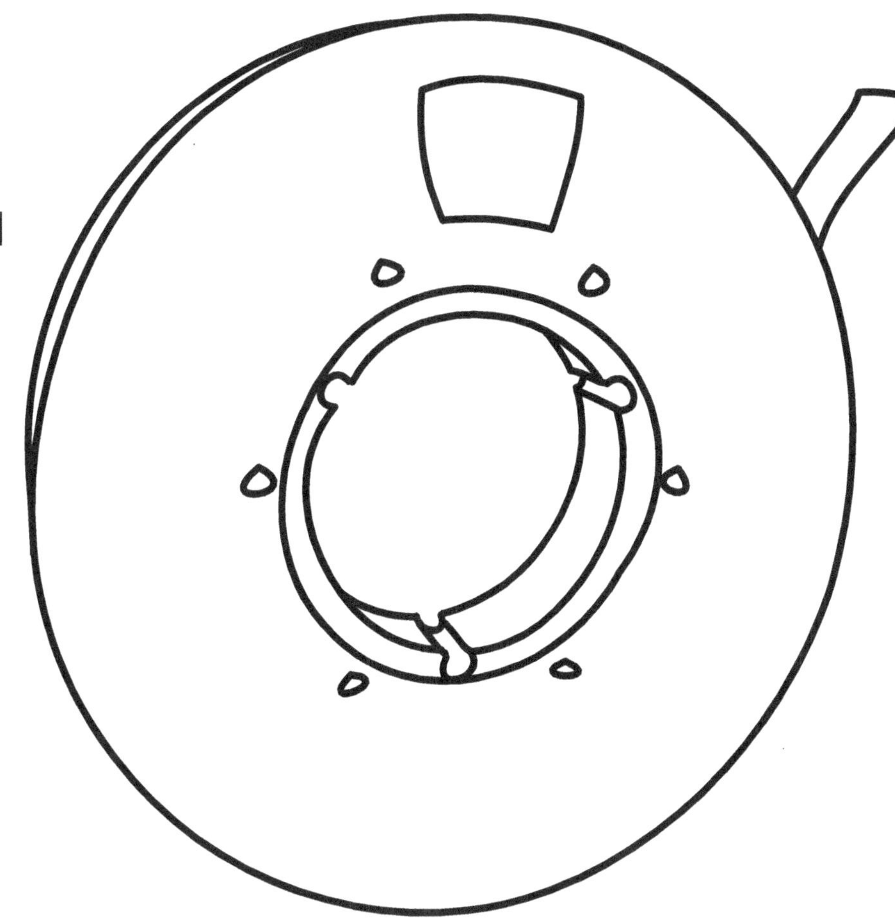

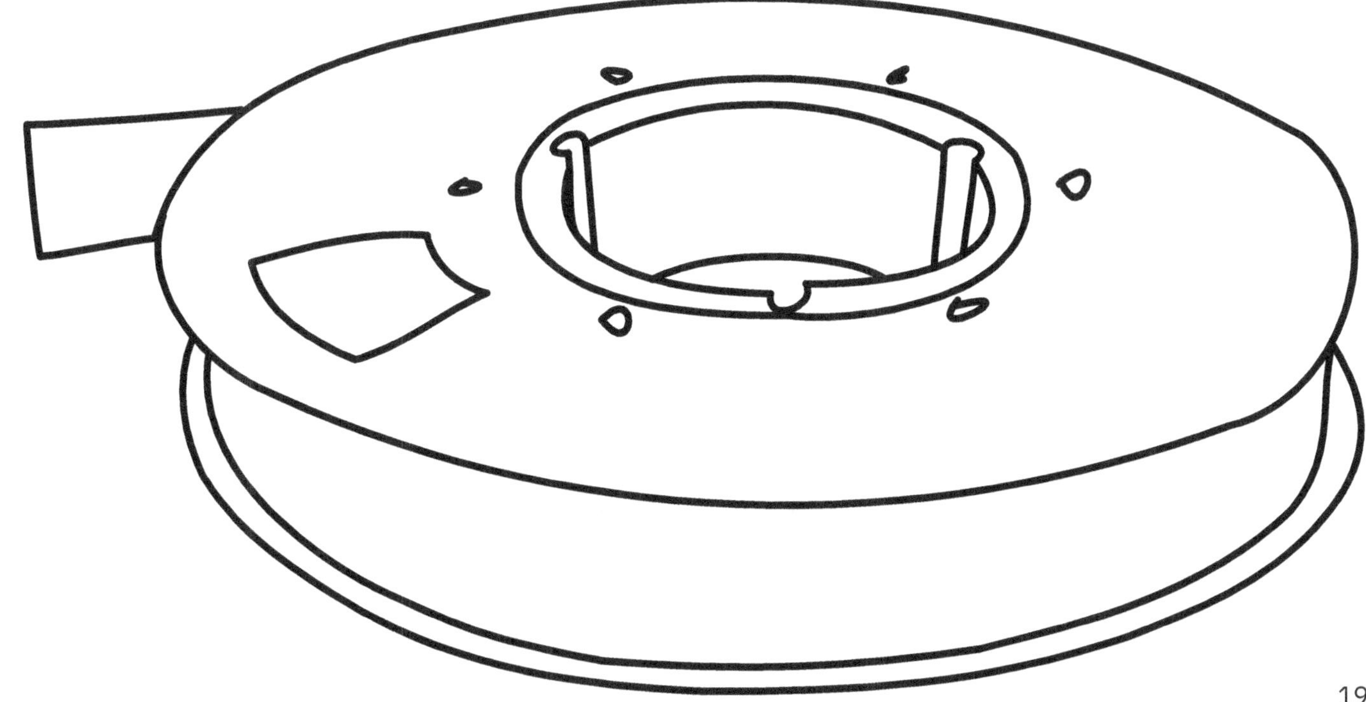

Akai de 1/4 de pulgada

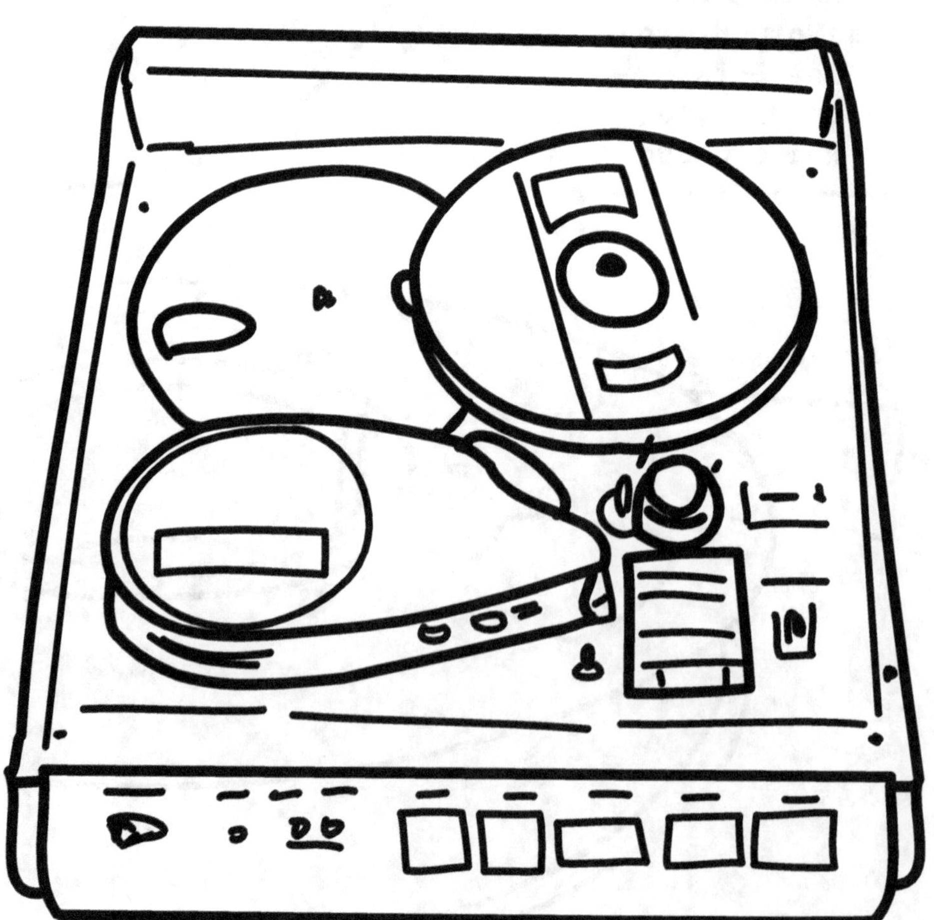

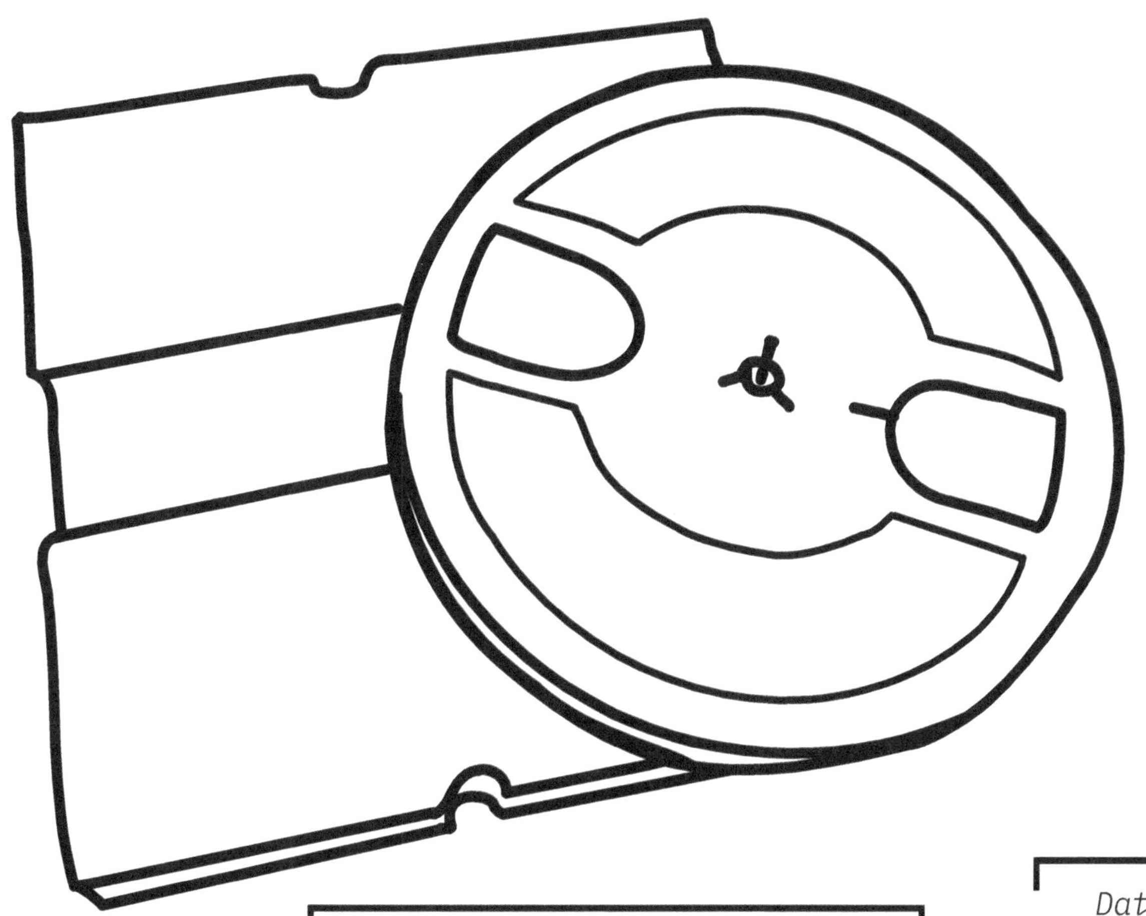

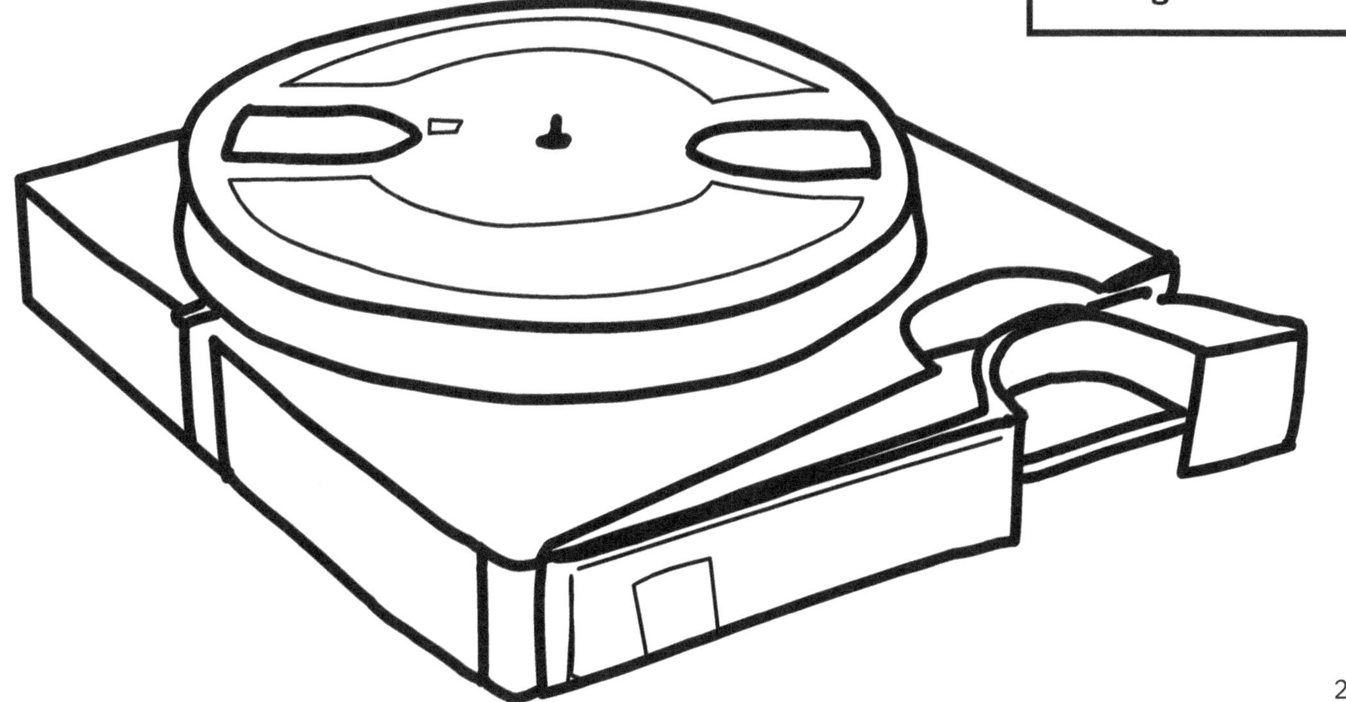

> *Dato curioso*
> **Este formato era tipicamente almacenado en carretes de 5 pulgadas pero posteriormente fueron introducidos carretes más grandes de 10,5 pulgadas**

> *Dato curioso*
> **Este formato se comercializó para uso del consumidor, destinado a grabar películas hogareñas**

EIAJ

Era
**1969–principios de
la decada de 1980**

Tamaño
**Carretes de 5
y 7 pulgadas**

Capacidad
**Pequeño: 30 minutos
Grande: 1 hora**

Dato curioso
**Este formato estaba
disponible sólo en
blanco y negro
inicialmente, pero
versiones a color
se desarrollaron
posteriormente**

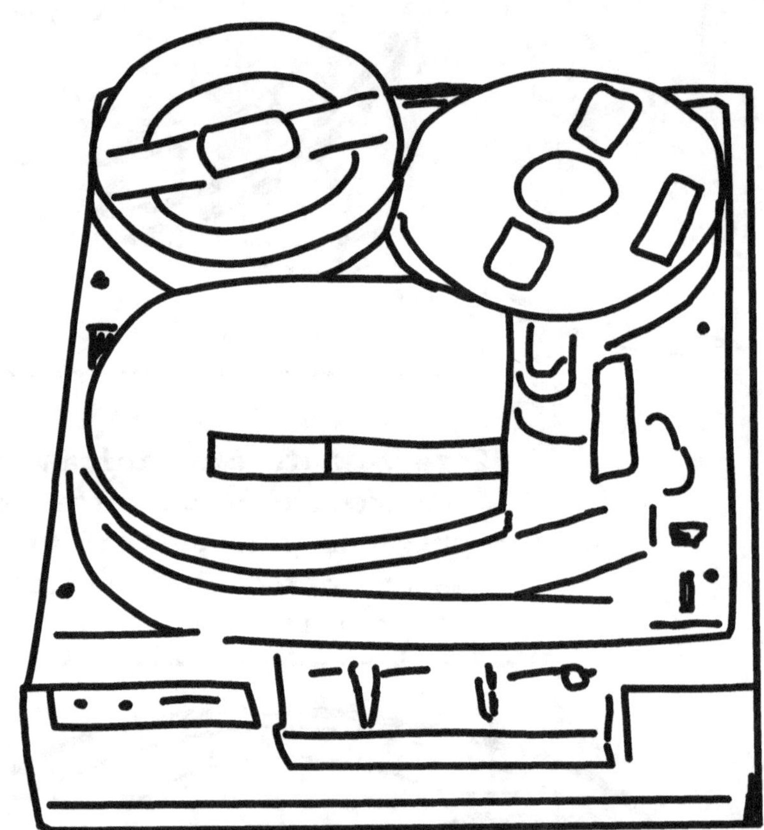

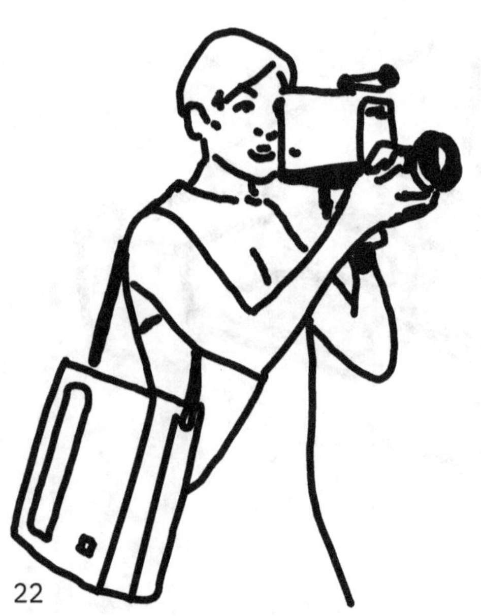

Dato curioso
**Pese a originarse con el CV
de 1/2 pulgada, a este formato
se lo asoció con el dispositivo
de grabación portátil (conocido
como PortaPak), que dio origen
a la era de la recopilación
electrónica de noticias**

Dato curioso
El éxito de este formato puede atribuirse al hecho de que se desarrolló como un formato estandarizado compartido y no propietario, que podía ser desarrollado y fabricado por diferentes compañías

Desarrollado por
Electronic Industries Association of Japan

También conocido como
Carrete abierto de 1/2 pulgada

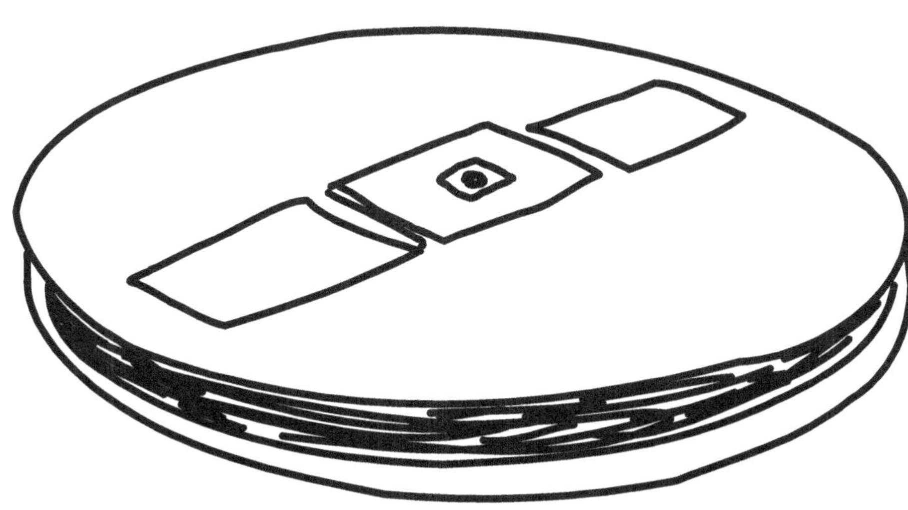

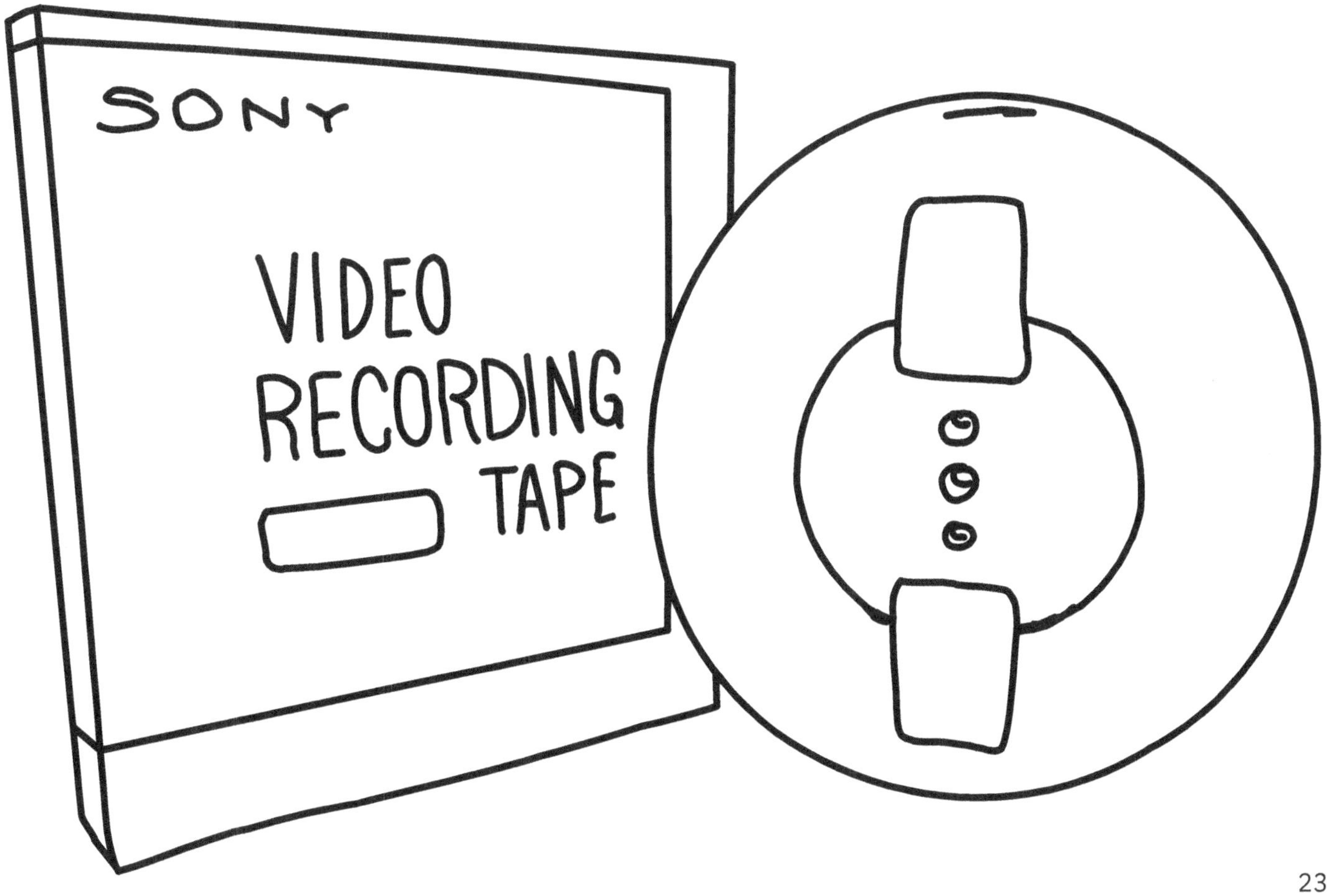

SONY
VIDEO RECORDING TAPE

U-matic

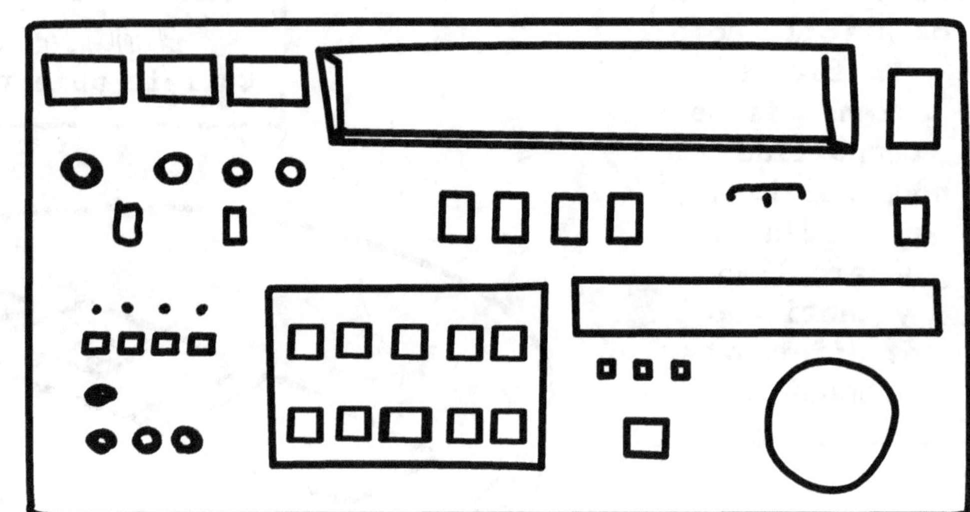

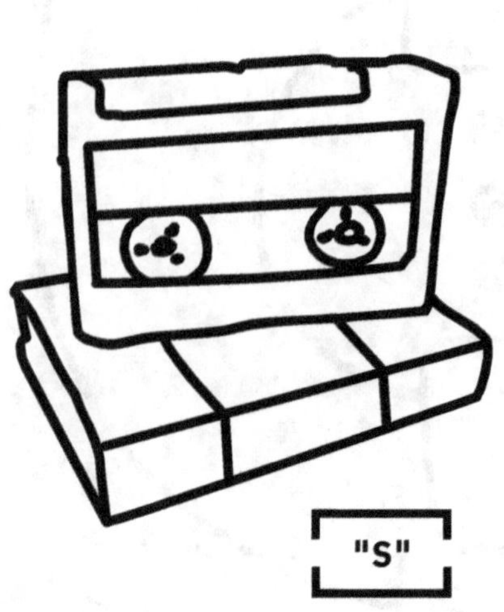

"S"

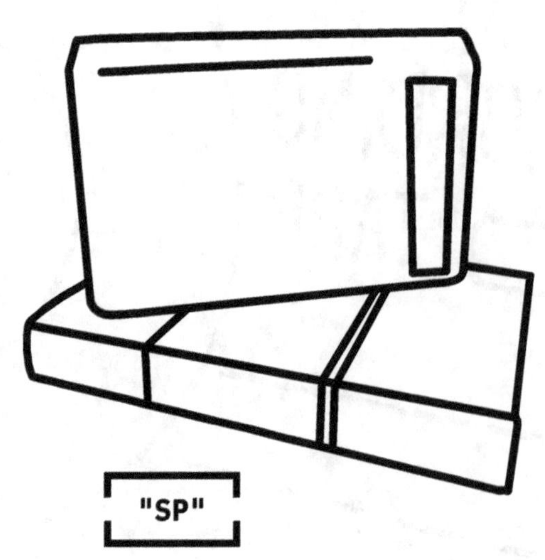

"SP"

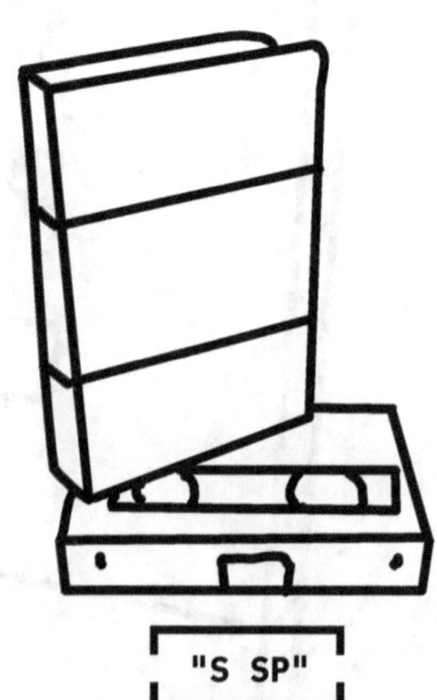

"S SP"

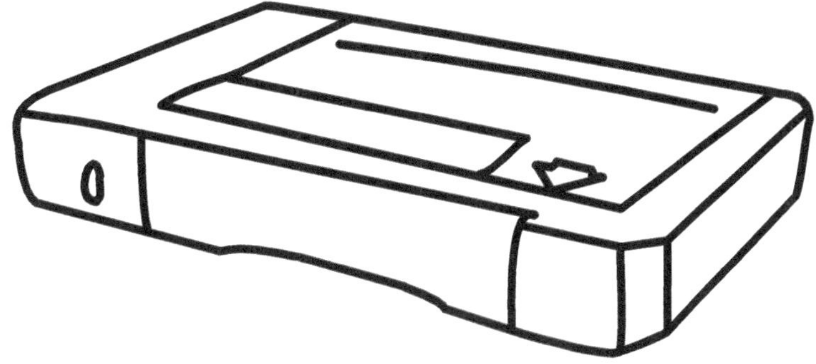

Dato curioso
Si bien este formato fue
originalmente empleado para
almacenar video analógico,
también se lo utilizó para
el almacenamiento de
datos de audio digital

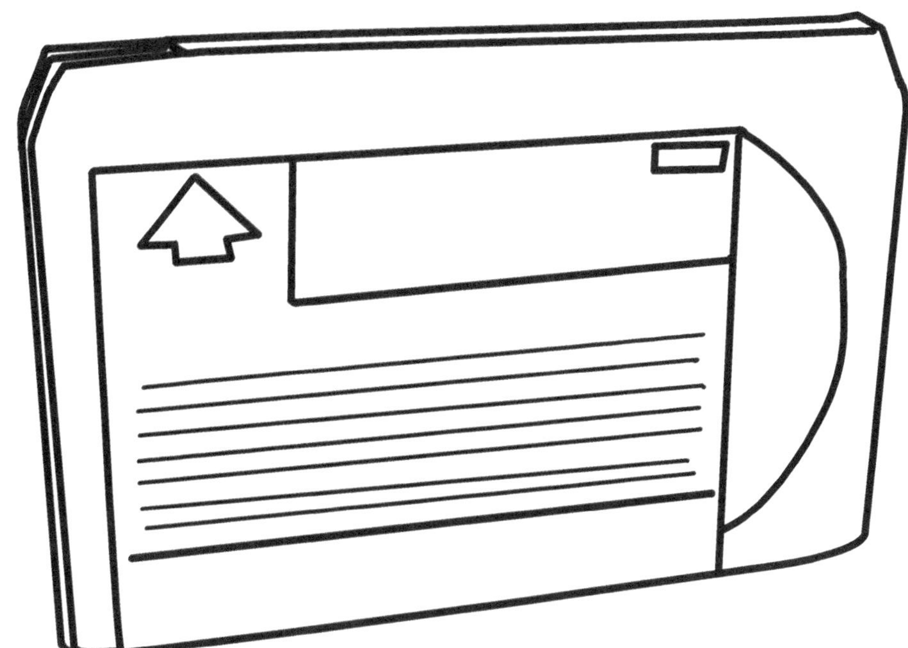

Dato curioso
Este formato
recibió su
nombre de la
letra U, porque
el curso de la
cinta corriendo
a través de un
reproductor
tiene la forma
de esta letra

Dato curioso
Todas las cintas
tienen un botón
rojo redondo en
la parte
posterior que
se puede remover
para evitar
grabaciones
accidentales

Cartrivision

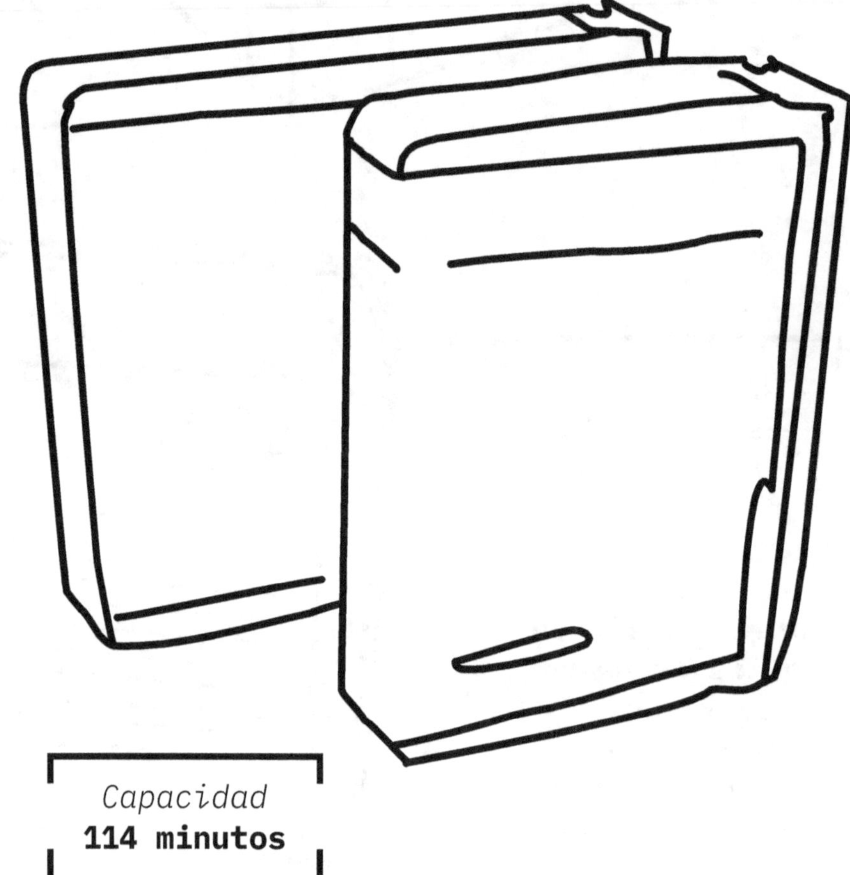

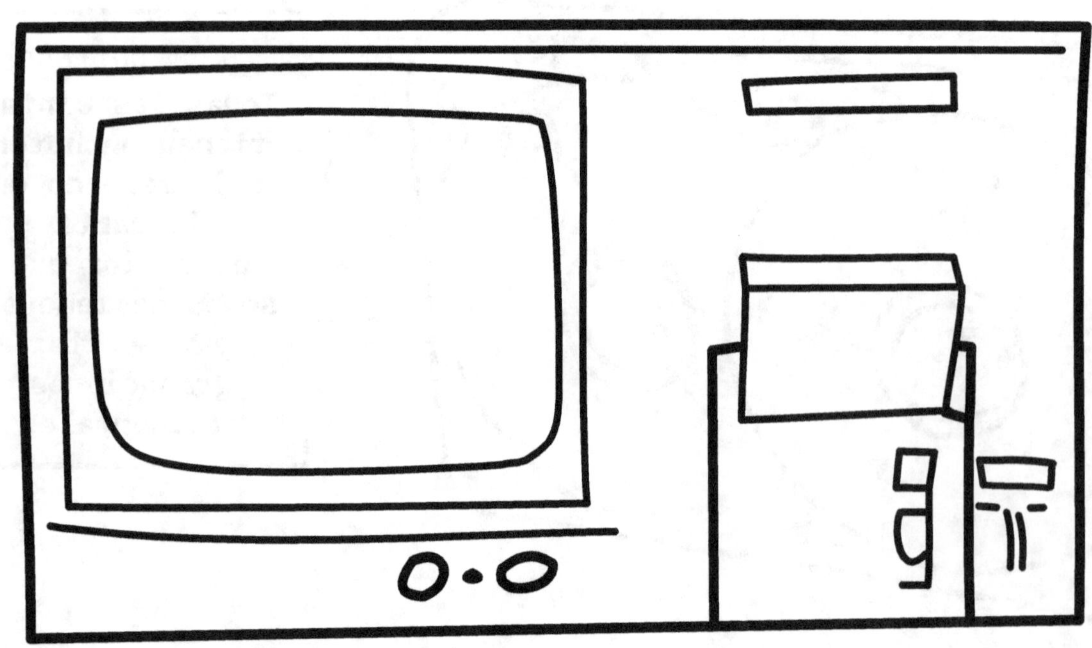

**Este formato estuvo
en el mercado sólo
por un año, desde
Junio de 1972
hasta Julio de 1973,
antes del cese de
producción por bajas
ventas**

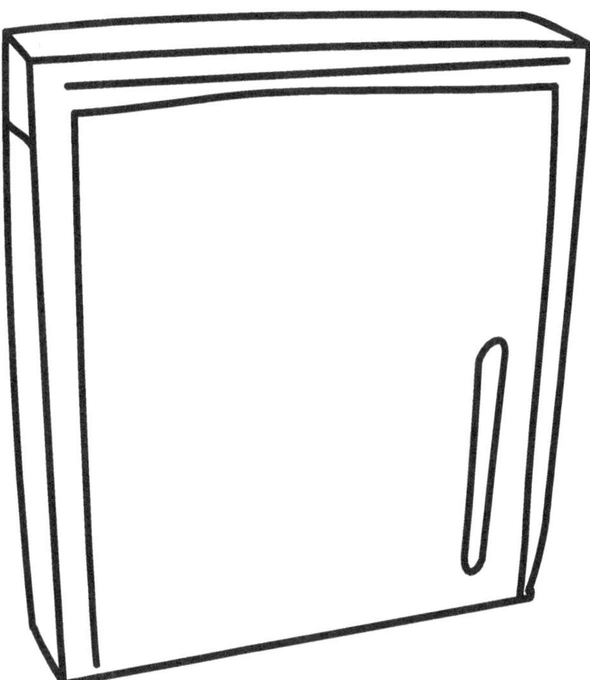

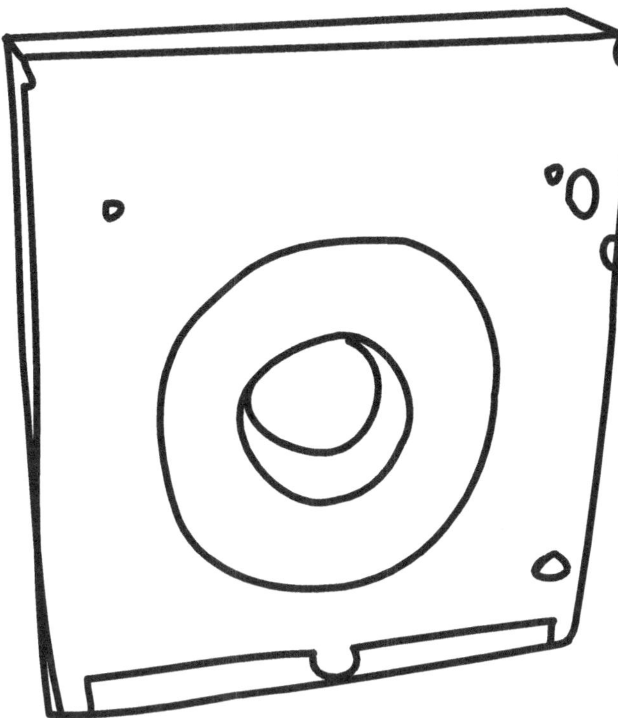

**El primer modelo de
televisor equipado
con Cartrivision
se vendió por $1,350
(Estados Unidos)**

**Los casetes rojos,
destinados al alquiler
de videos, no se
podían rebobinar en
una máquina hogareña**

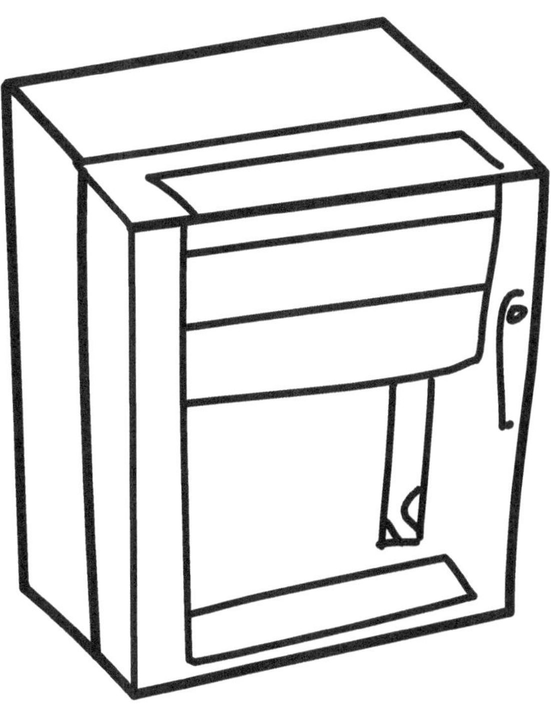

Videograbadora

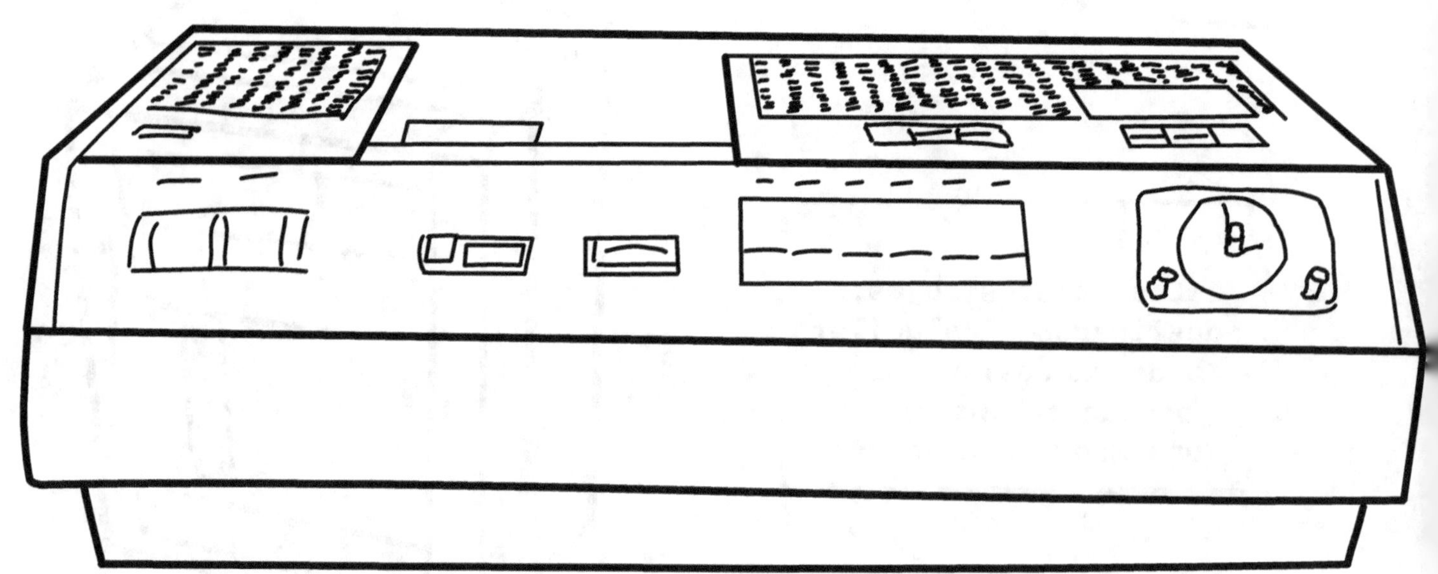

**Este formato
introdujo muchas
características
posteriormente
adoptadas por
otras caseteras
de video, como
el estilo de
sus botones de
control, reloj con
temporizador y
un sintonizador
incorporado**

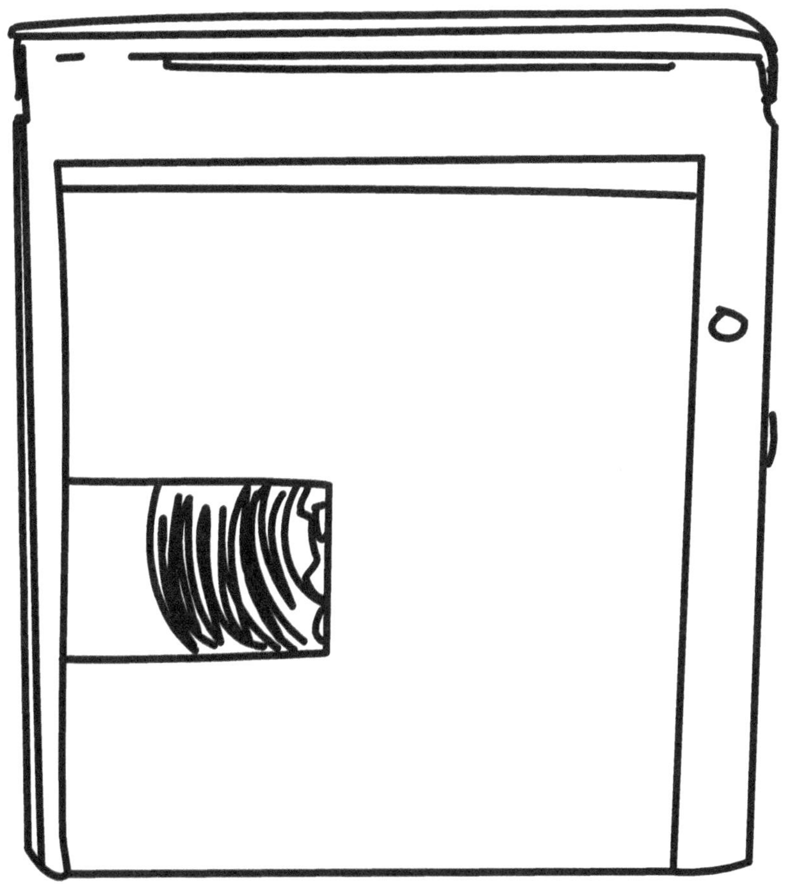

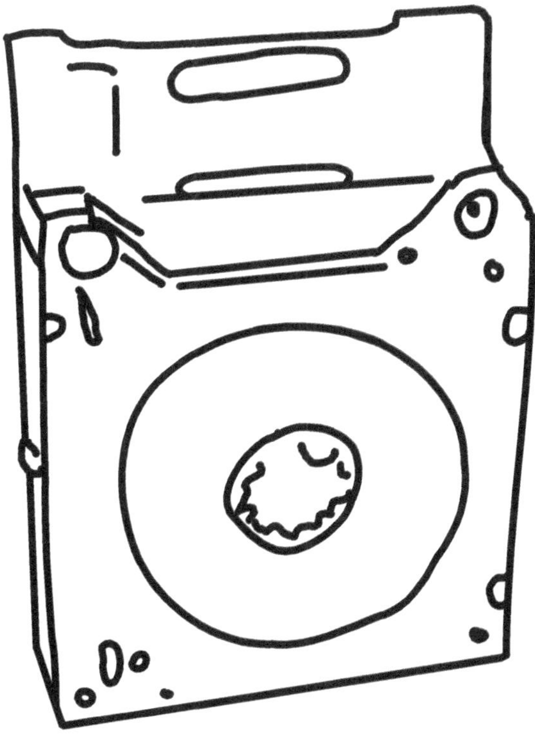

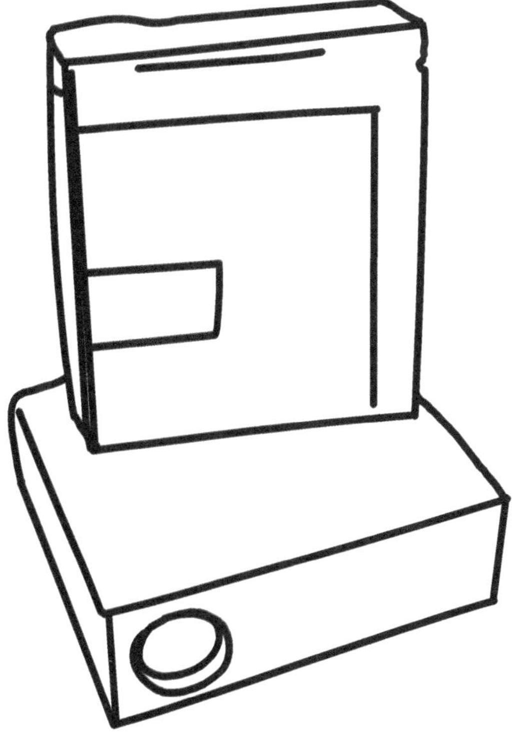

V-Cord/V-Cord II

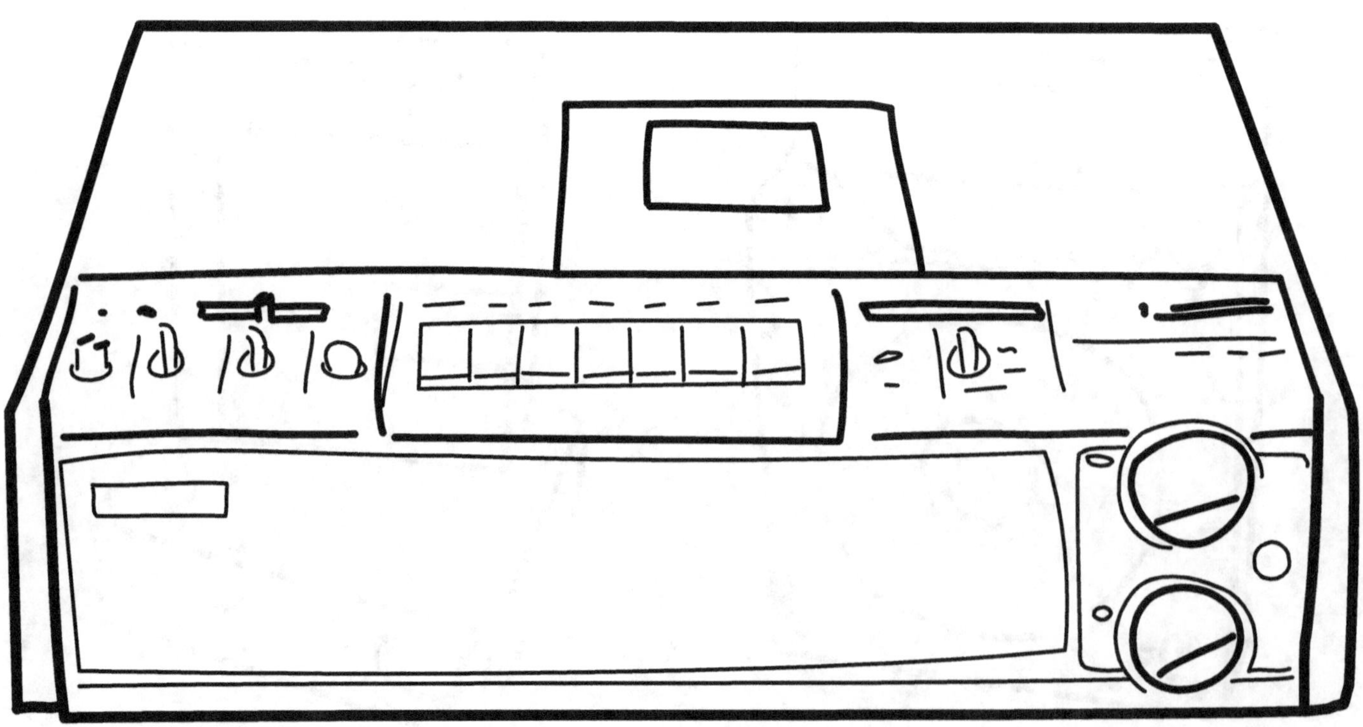

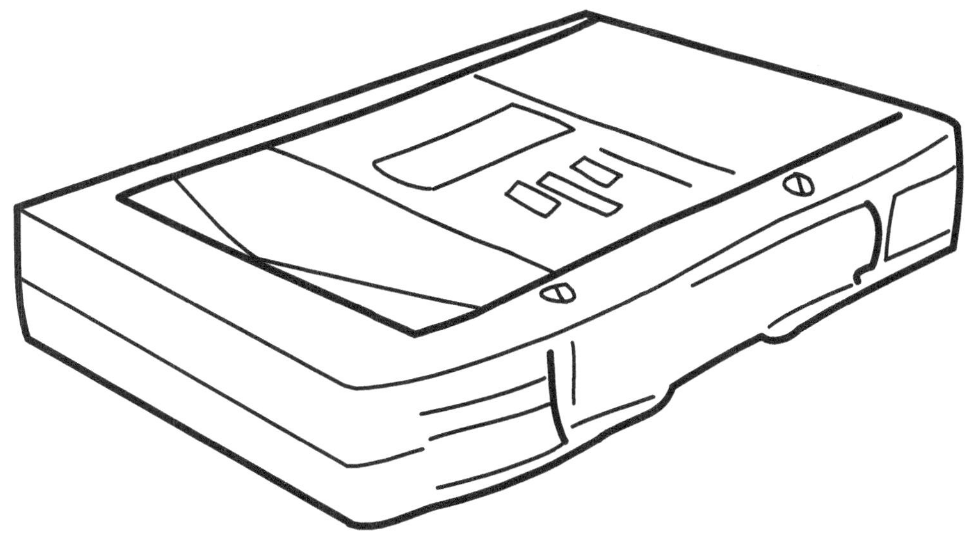

Dato curioso
El casete V-Cord original
podía grabar hasta 60 minutos
de video en blanco y negro
y el V-Cord II podía grabar
hasta 120 minutos en color

Dato curioso
Las máquinas V-Cord II
fueron los primeros
dispositivos de reproducción
de consumidor en ofrecer
dos velocidades de grabación:
modo estándar (STD) y modo
de reproducción prolongada (LP)

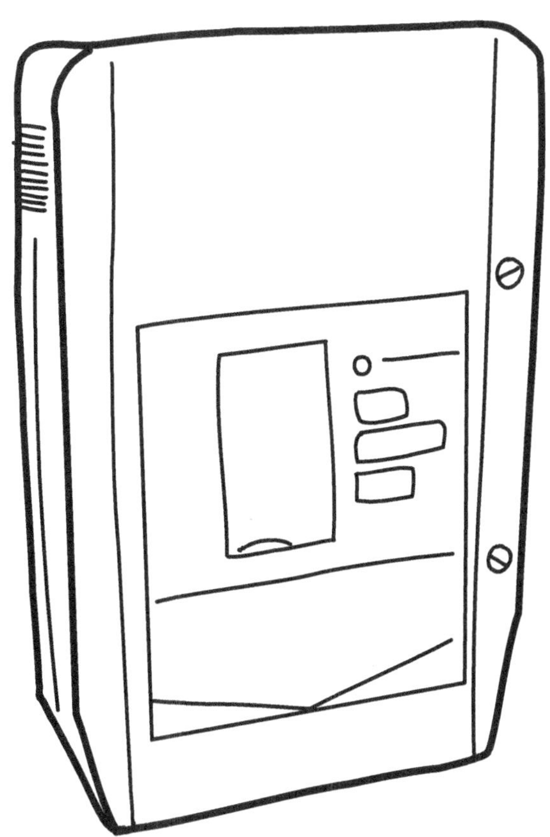

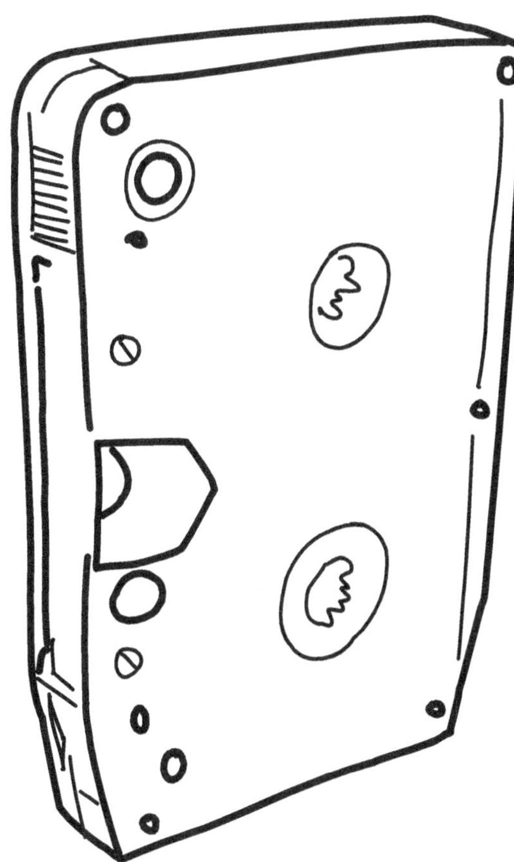

Betamax

Formato
analógico

Capacidad
BI: 90 minutos
BII: 200 minutos
BIII: 5 horas

También conocido como
Beta, βeta

Tamaño
15,6 × 9,6 × 2,5 cm

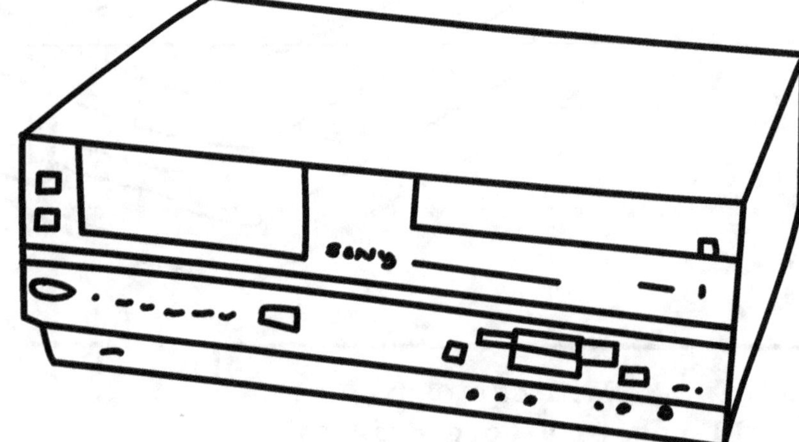

Era
1975–finales de
la decada de 1980

Desarrollado por
Sony

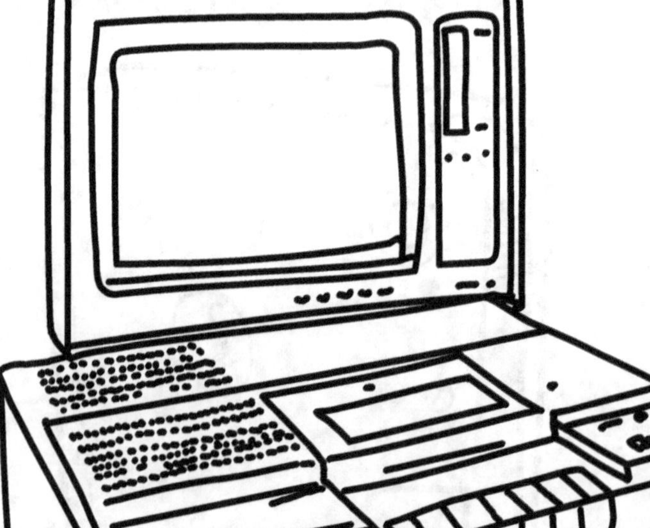

Dato curioso
Este fue el formato
central en un caso
de la Corte Suprema
de los Estados Unidos
donde se determinó
que la grabación
en video de televisión
y películas en el hogar
era legal, fallando
en contra de las
corporaciones de
la industria
cinematográfica

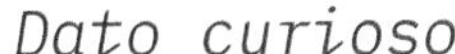

Dato curioso
Este formato "perdió" el mercado de consumo frente al VHS, un formato más abierto y económico que además debutó con una capacidad de almacenamiento inicial más larga (120 frente a 60 minutos)

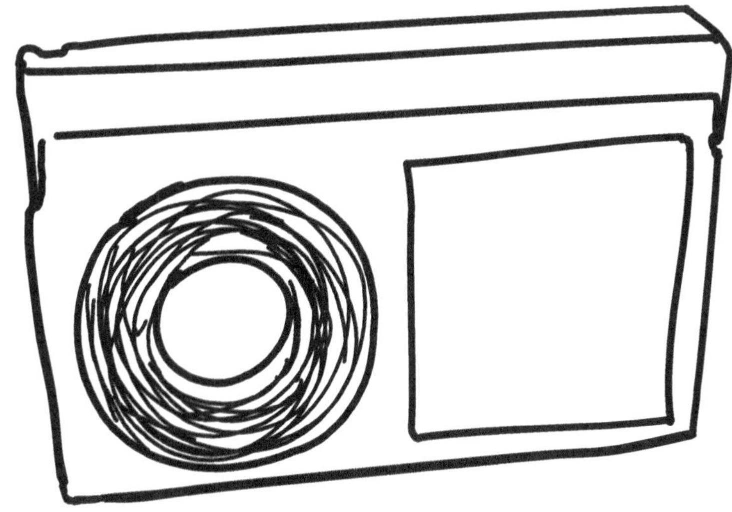

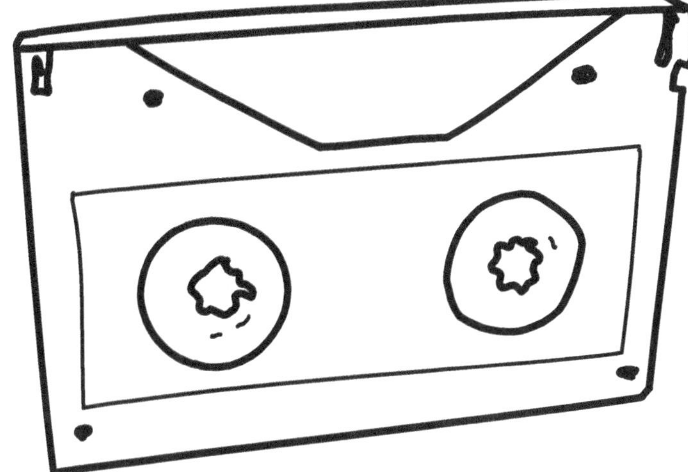

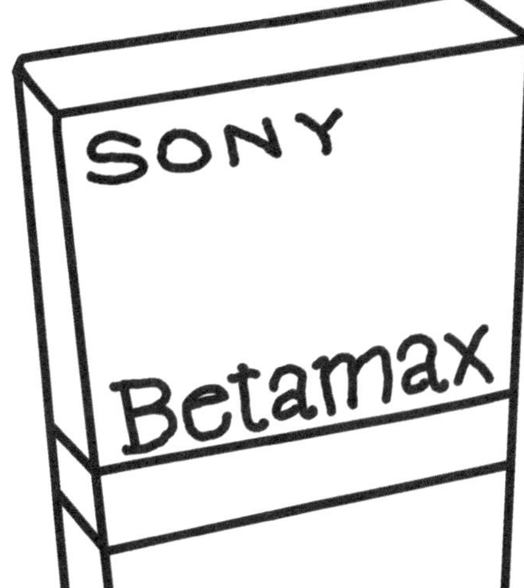

SONY
Betamax

Dato curioso
El formato recibió su nombre de la letra griega minúscula beta (β) porque ésta se asemeja a la forma de la cinta corriendo a través de un reproductor

Tipo B de 1-pulgada

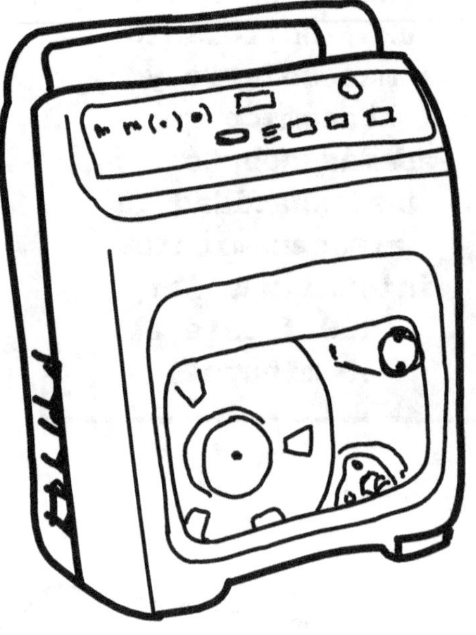

También conocido como
Formato B

Desarrollado por
Bosch

Capacidad
2 horas

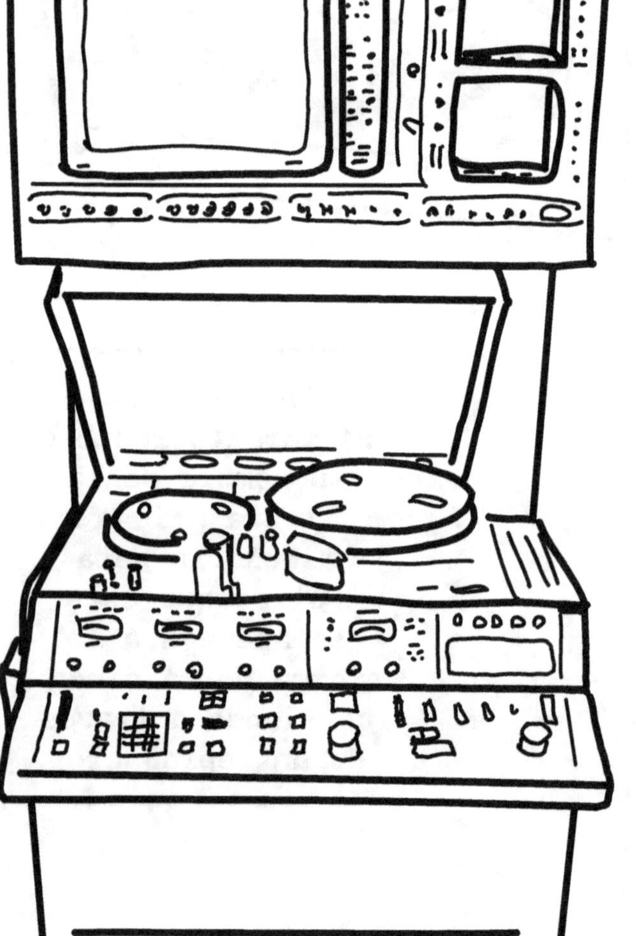

Era
1975–decada de 1980

Tamaño
Carretes de hasta 10.5

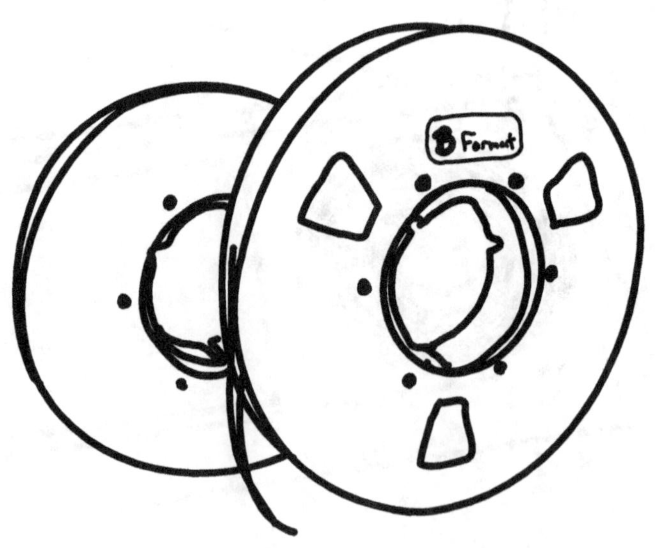

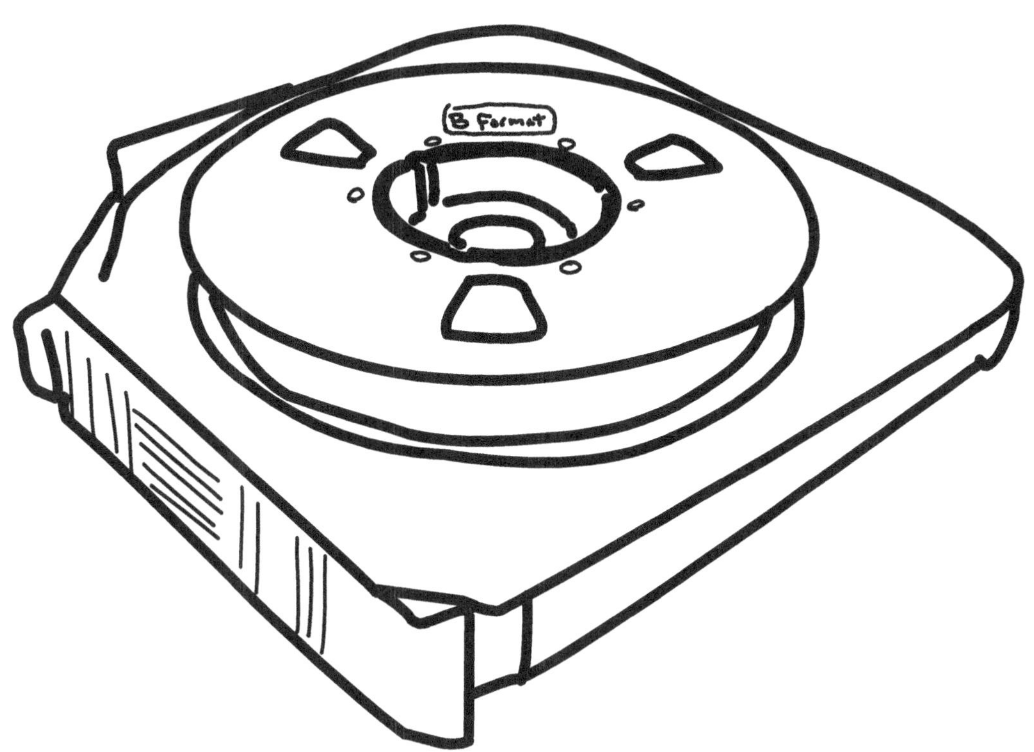

Este formato comenzó reemplazando al Quad de 2 pulgadas y al Tipo A de 1 pulgada, pero más tarde fue ampliamente reemplazado por el Tipo C de 1 pulgada para uso en televisión abierta

Este formato segmenta cada campo en 5 (NTSC) o 6 (PAL) pistas de escaneo helicoidal por campo, en lugar de grabar un campo por pista

Este formato se puede distinguir de los otros tipos de 1 pulgada por la forma en que se enrolla la cinta, con el óxido mirando hacia afuera en vez de hacia adentro; la cinta Tipo C miraría hacia adentro y el Tipo A podría ser cualquiera si se creó antes de 1975

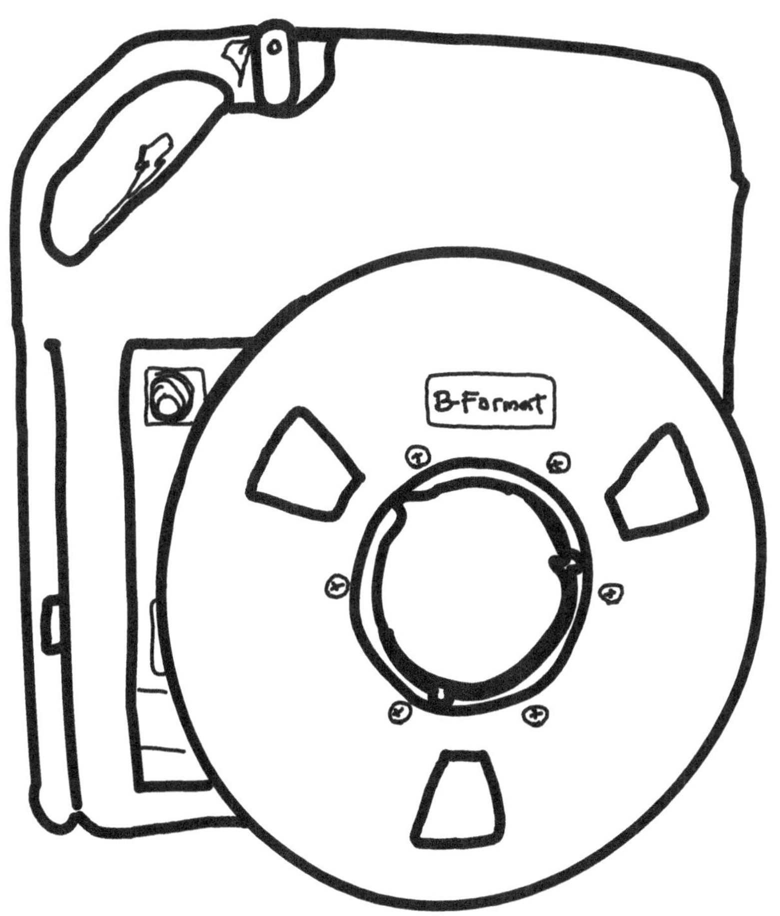

Tipo C de 1-pulgada

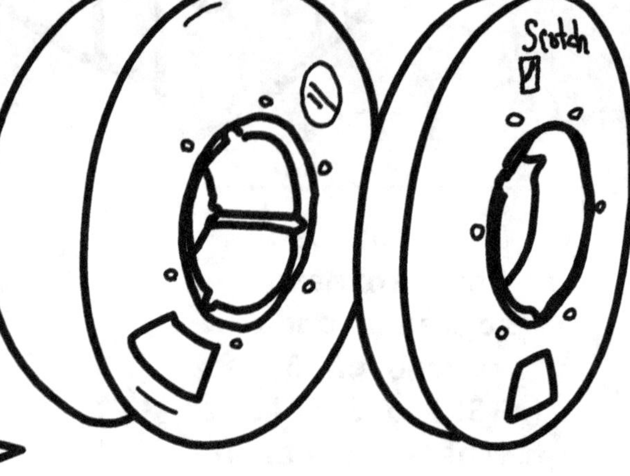

Dato curioso

Carretes de 12 pulgadas fue el tamaño más común para este formato, pero se produjeron también carretes más pequeños para la entrega de contenido más corto

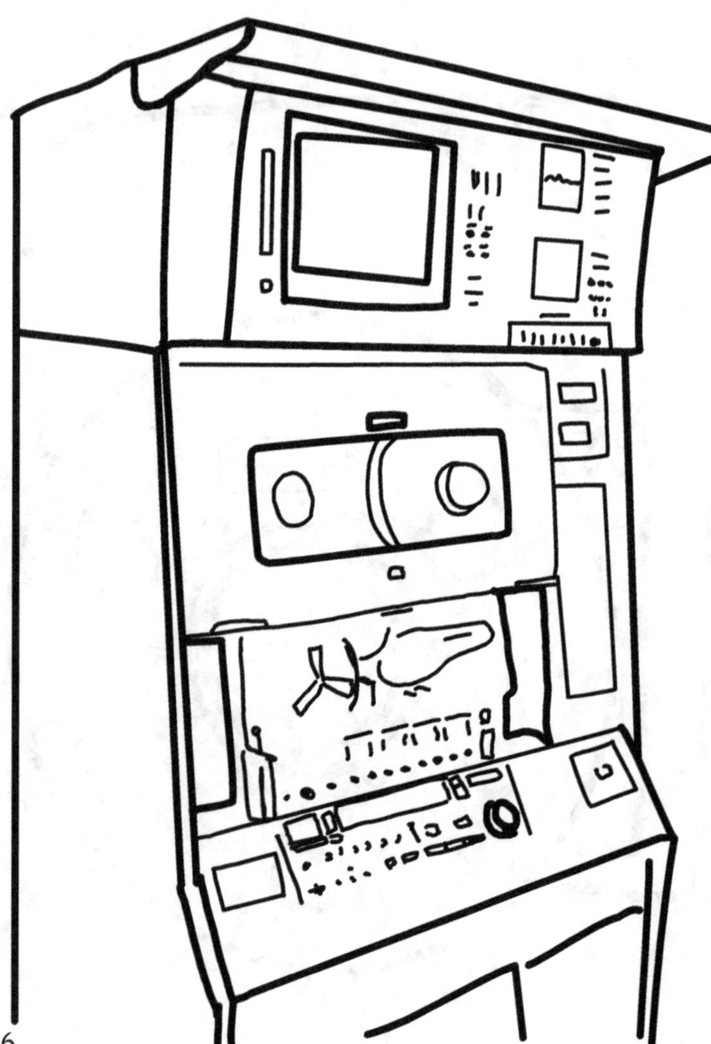

Dato curioso

Este formato era capaz de funciones de "reproducción trucada", como fotogramas fijos, avance o rebobinado rápido, y reproducción a cámara lenta a velocidad variable

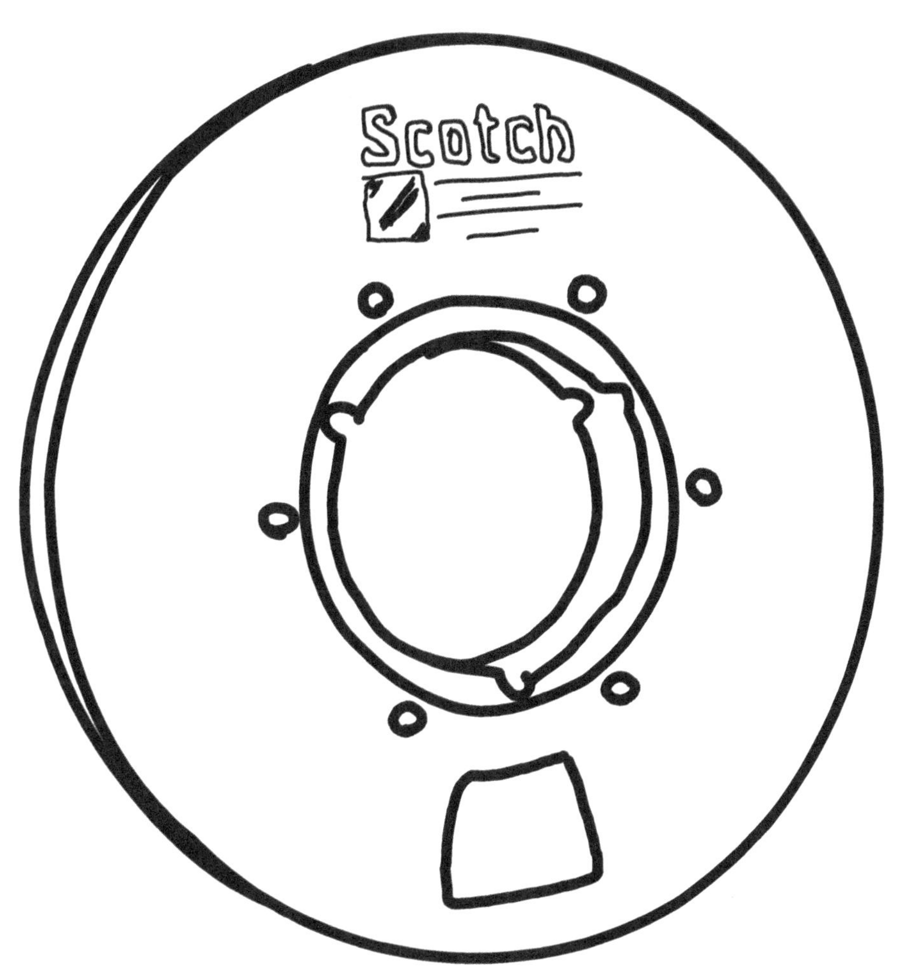
Scotch

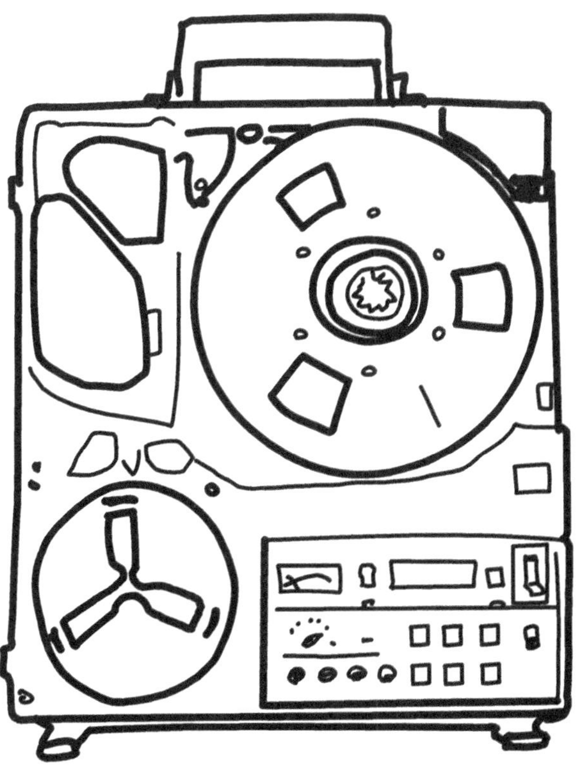

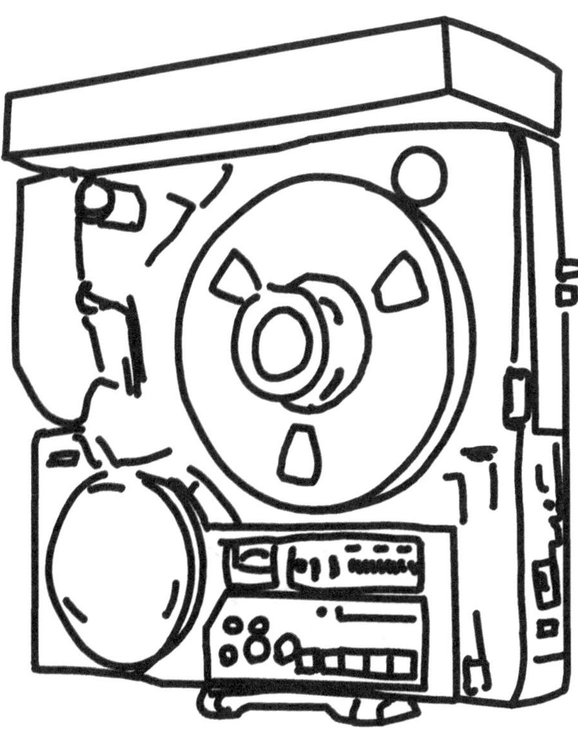

VHS

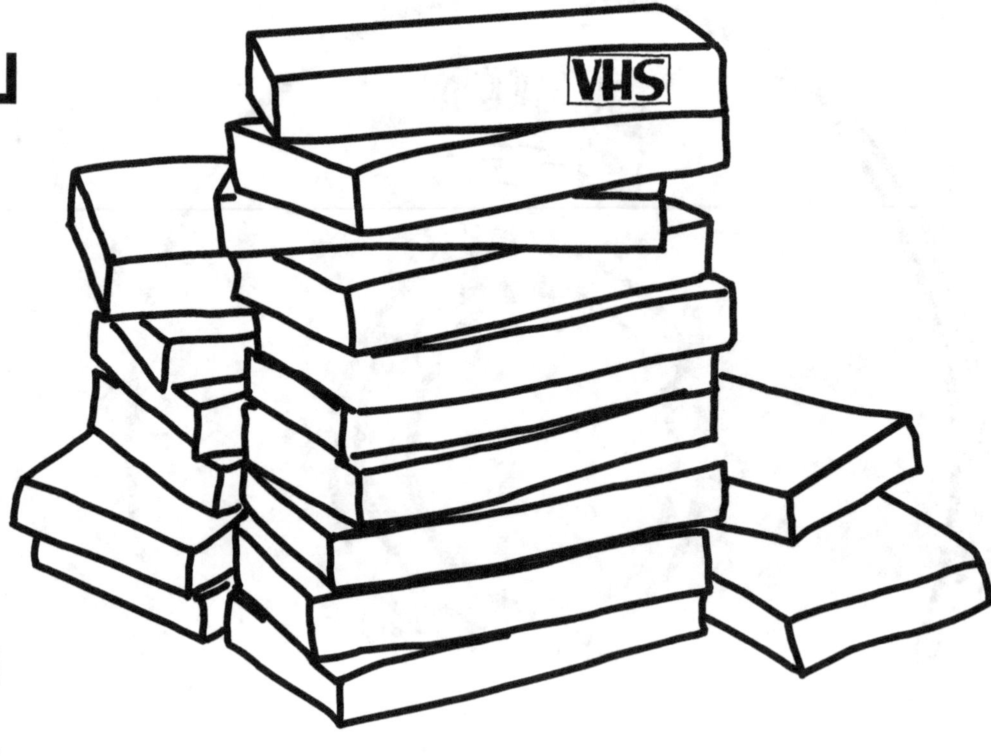

Era
**1976–decada
del 2000**

Formato
analógico

Desarrollado por
JVC

Tamaño
18,7 × 10,2 × 2,5 cm

Capacidad
VHS-C: 30 minutos
Standard Play (SP): 2 horas
Long Play (LP): 4 horas
Extended Play (EP): 6 horas
Super Long Play (SLP): 6 horas

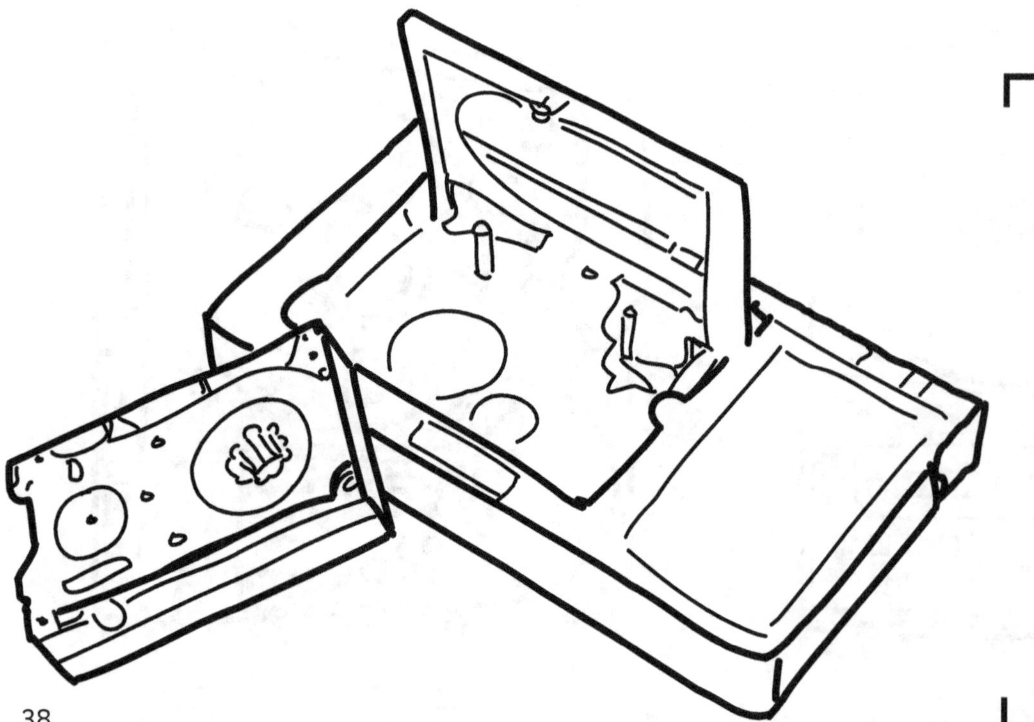

Dato curioso
Una variante más pequeña del VHS, el VHS-C, fue introducida en 1982 para uso en cámaras de video; estas cintas podían ser reproducidas en equipos VHS estándar con un adaptador

Dato curioso
El desarrollo
de este
formato se
canceló
inicialmente
en 1972, pero
los ingenieros
continuaron
trabajando en
secreto hasta
obtener un
prototipo
funcional
exitoso
en 1973

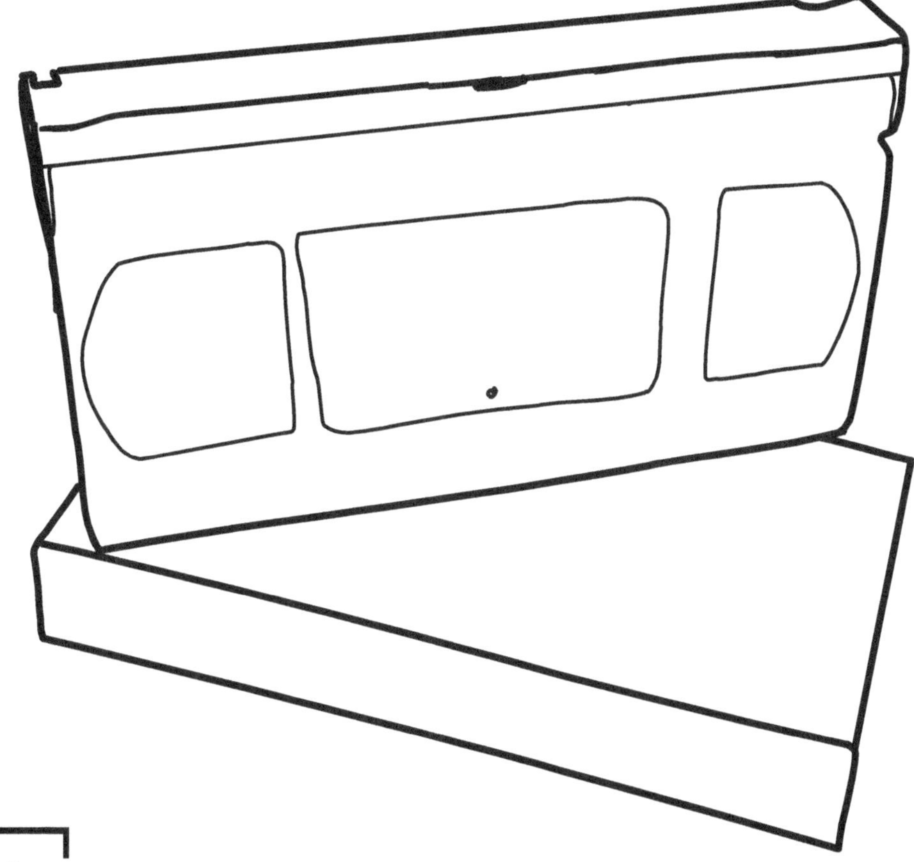

También conocido como
Sistema de Video
Doméstico, video-casete

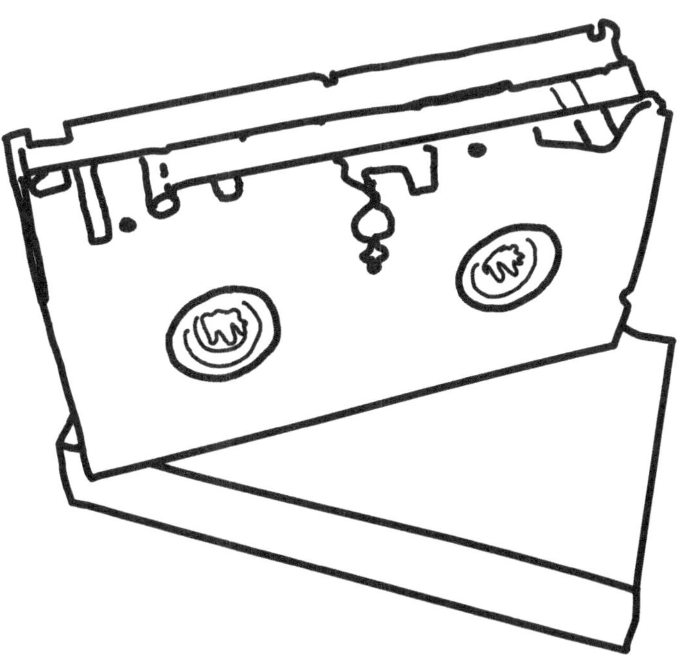

Dato curioso
Este formato se desarrolló
con los objetivos de:
ser compatible con
cualquier televisor,
ser compatible con todos
los fabricantes,
tener la capacidad
de personalizarse y
expandirse, ser económico
de comprar y reparar,
y tener piezas que
se puedan reemplazar
y mantener fácilmente

Disco Láser

Formato
analógico

Era
1978–2001

Capacidad
1 hora

También conocido como
**LaserDisc, LD, MCA
DiscoVision (en inglés)**

Tamaño
**Discos de
12 pulgadas**

Desarrollado por
**Philips, MCA Inc.,
Pioneer Corporation**

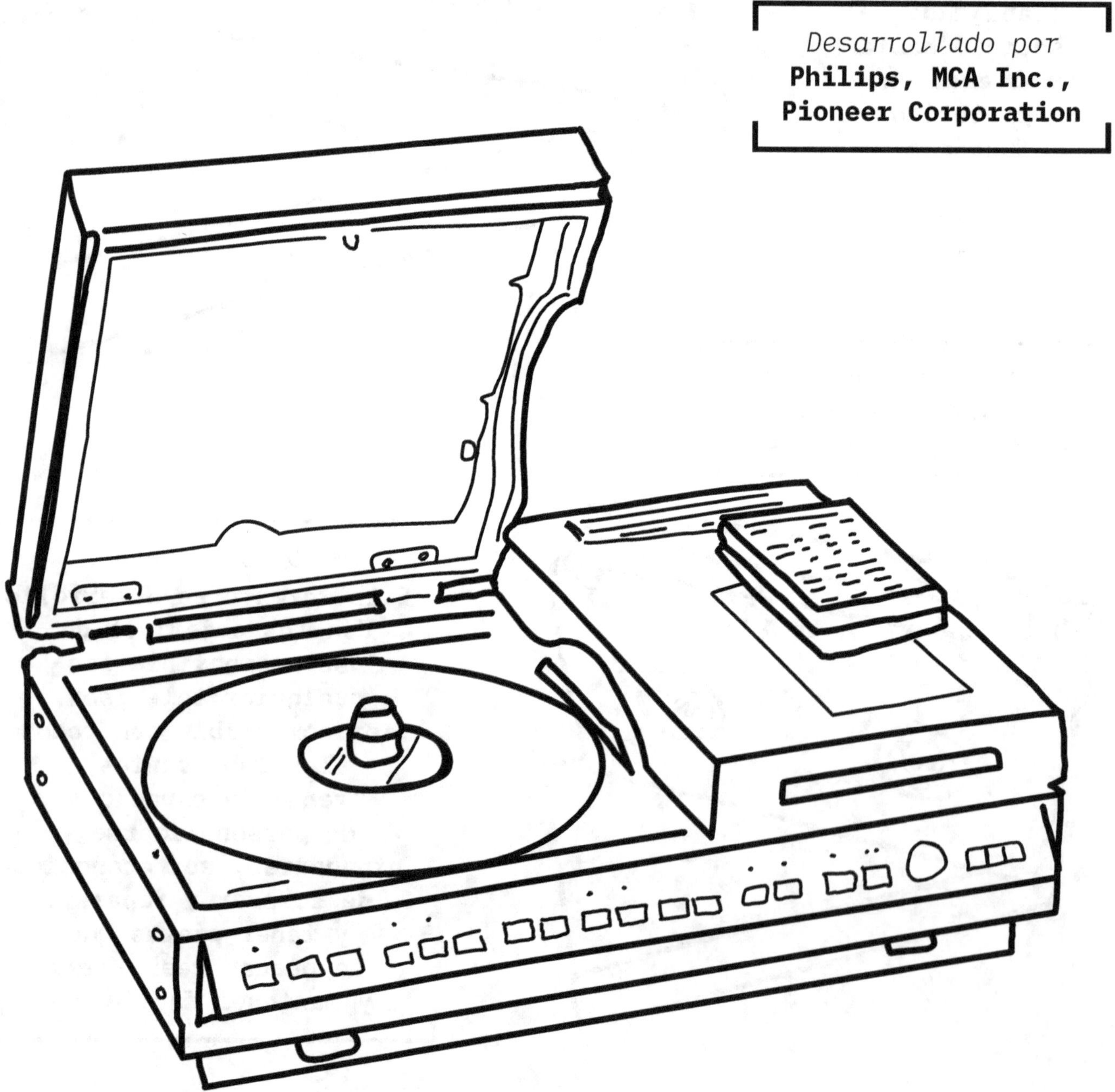

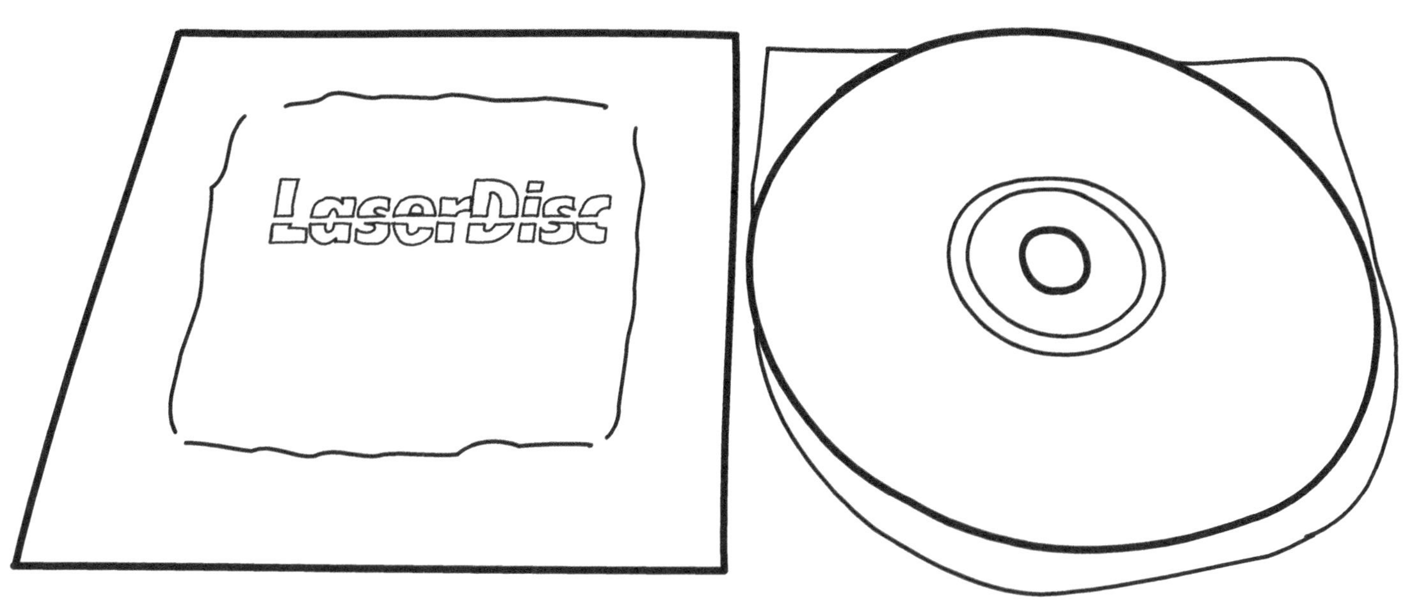

Este formato tuvo un éxito moderado en los Estados Unidos y Europa, y encontró un mayor éxito en Japón y el Sudeste Asiático

Si bien el video de este formato se almacena como señales de video analógicas por componentes, el audio se puede almacenar como analógico o digital

Los LaserDisc suelen ser de 12 pulgadas, pero también se los produjeron de 8; Los discos CD de Video de 5 pulgadas pueden transportar hasta 20 minutos de audio y video

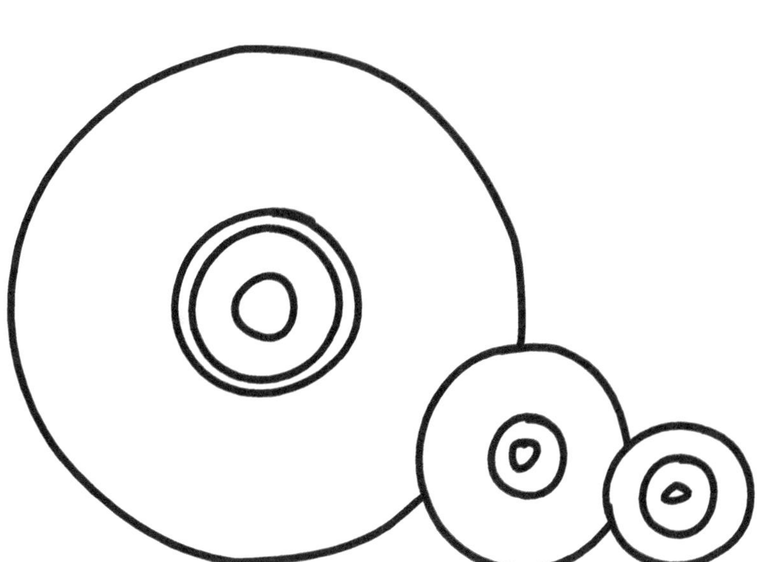

Video2000

También conocido como
**Video Cassette compacto;
V2000 o VCC (en inglés)**

Era
1979–1988

Desarrollado por
Philips and Grundig

Dato curioso
**Este formato no logró tener
éxito comercial debido a la
competencia con VHS y Betamax,
la dificultad para estandarizar
los reproductores y las
cintas entre distintas compañías
y su elevado costo**

Tamaño
10,8 × 7,2 × 2,1 cm

Capacidad
**8 horas
(por cada lado)**

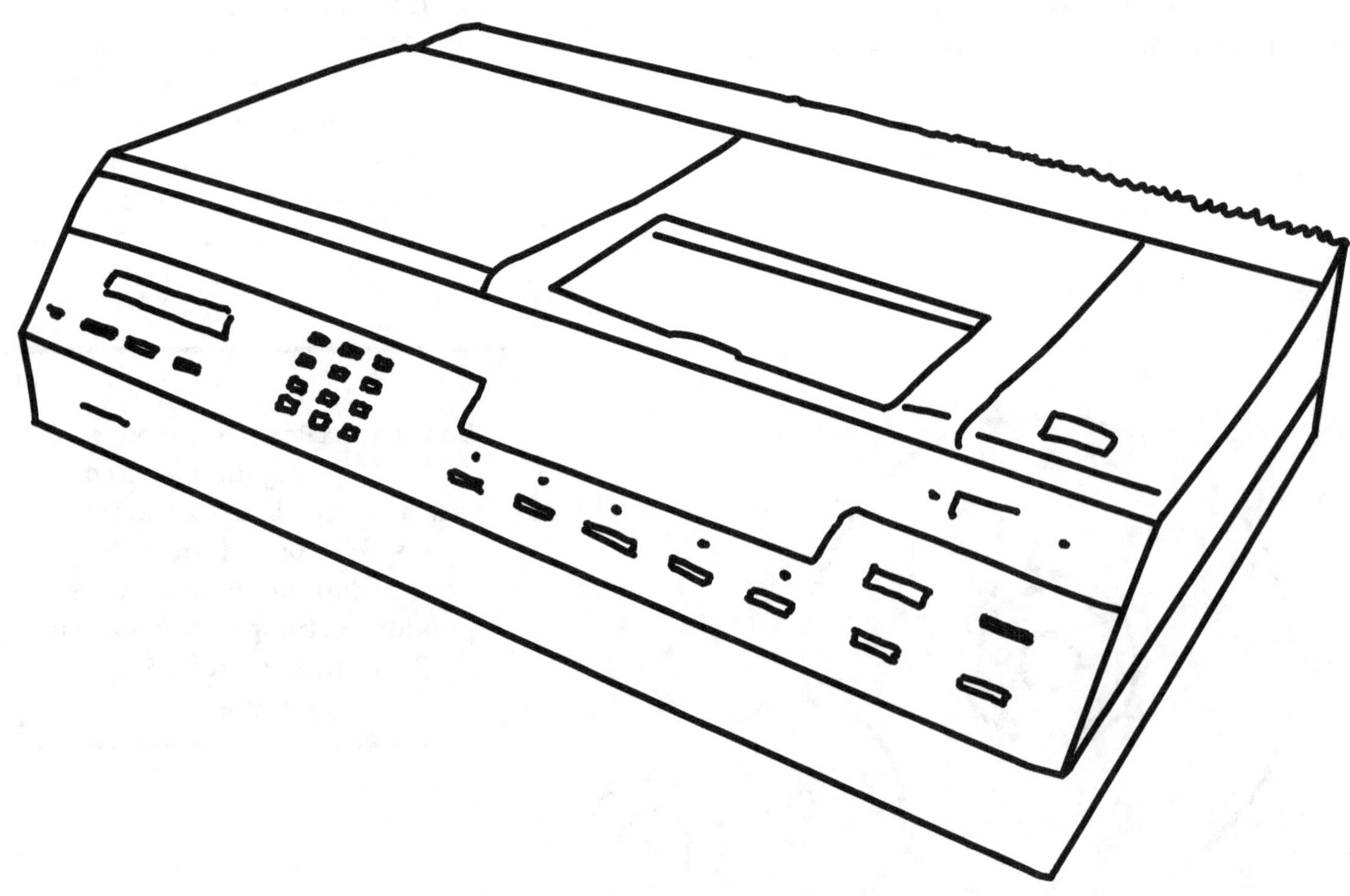

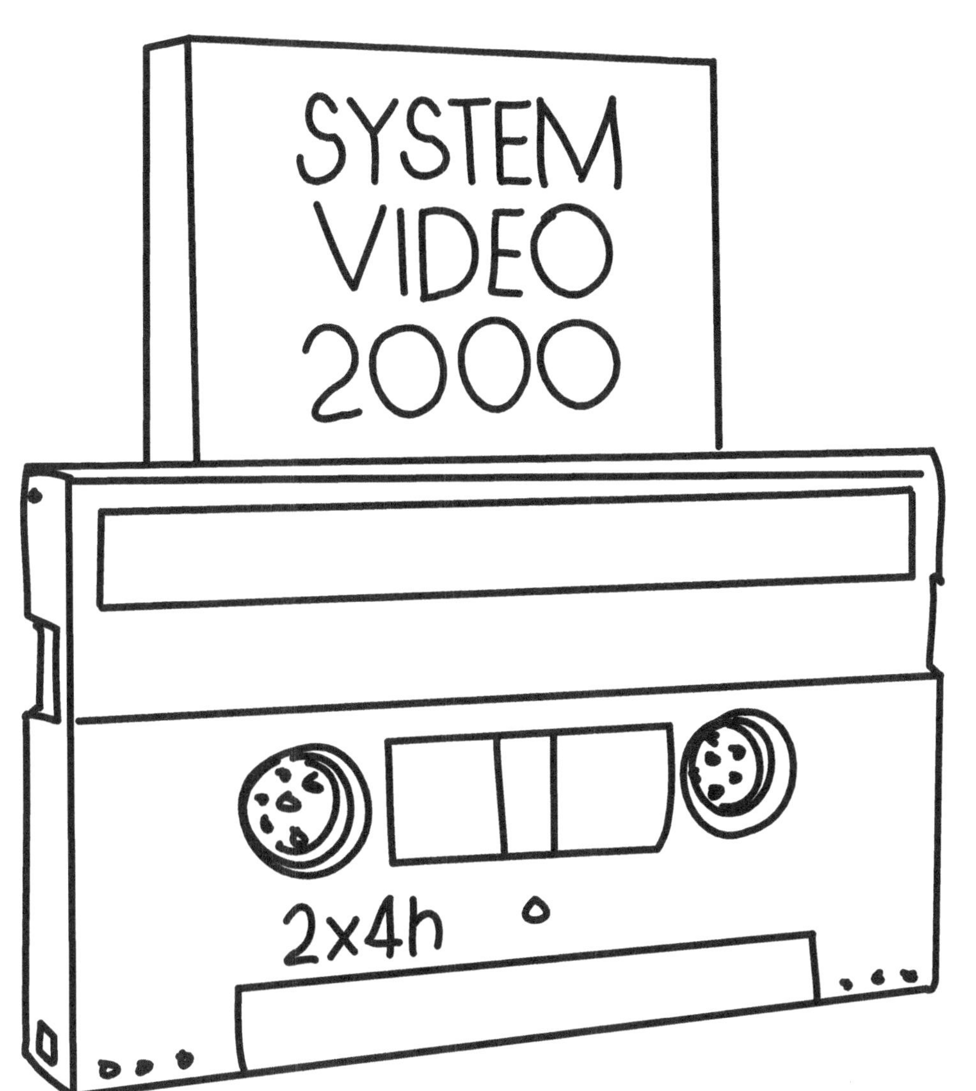

SYSTEM
VIDEO
2000
2x4h

Dato curioso
Este formato podía reproducir video en cualquier dirección y a cualquier velocidad

Dato curioso
Este formato podía darse vuelta (como los casetes de audio) para reproducir la cinta en ambos lados

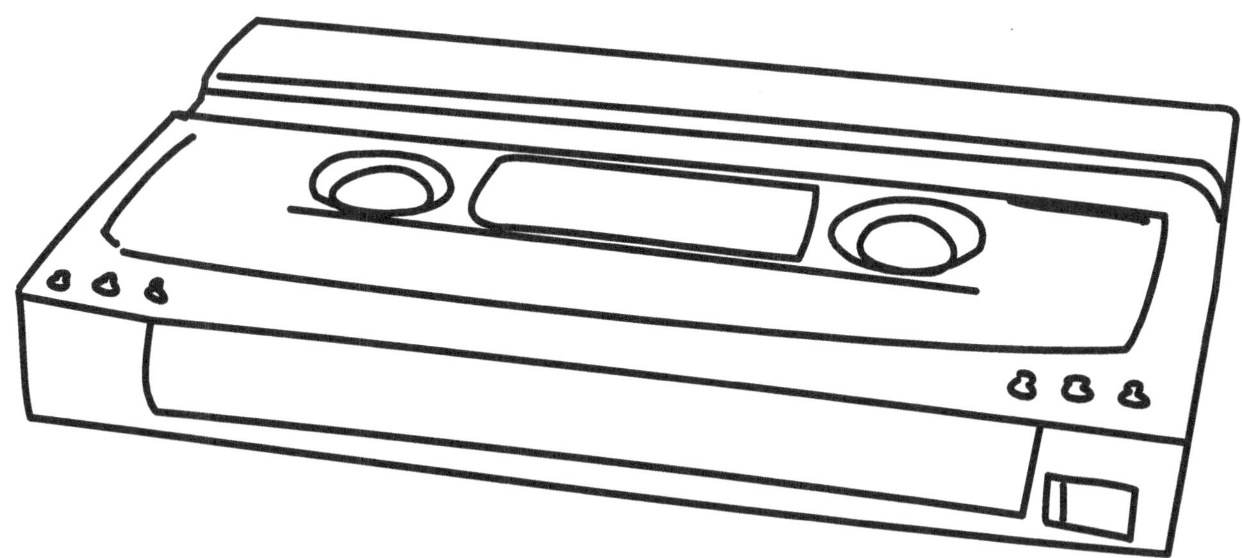

CED

Disco electrónico de capacitancia, SelectaVision (en inglés)

Formato
analógico

Desarrollado por
RCA

Capacidad
1 hora

Dato curioso
Este formato utilizaba un lápiz óptico especial y un sistema de ranuras de alta densidad similar a los discos fonográficos de audio; los discos se almacenaban en un carrito del cual el disco era extraído por el dispositivo de reproduccion

Tamaño
Discos revestidos de 12 pulgadas

Era
1981–1986

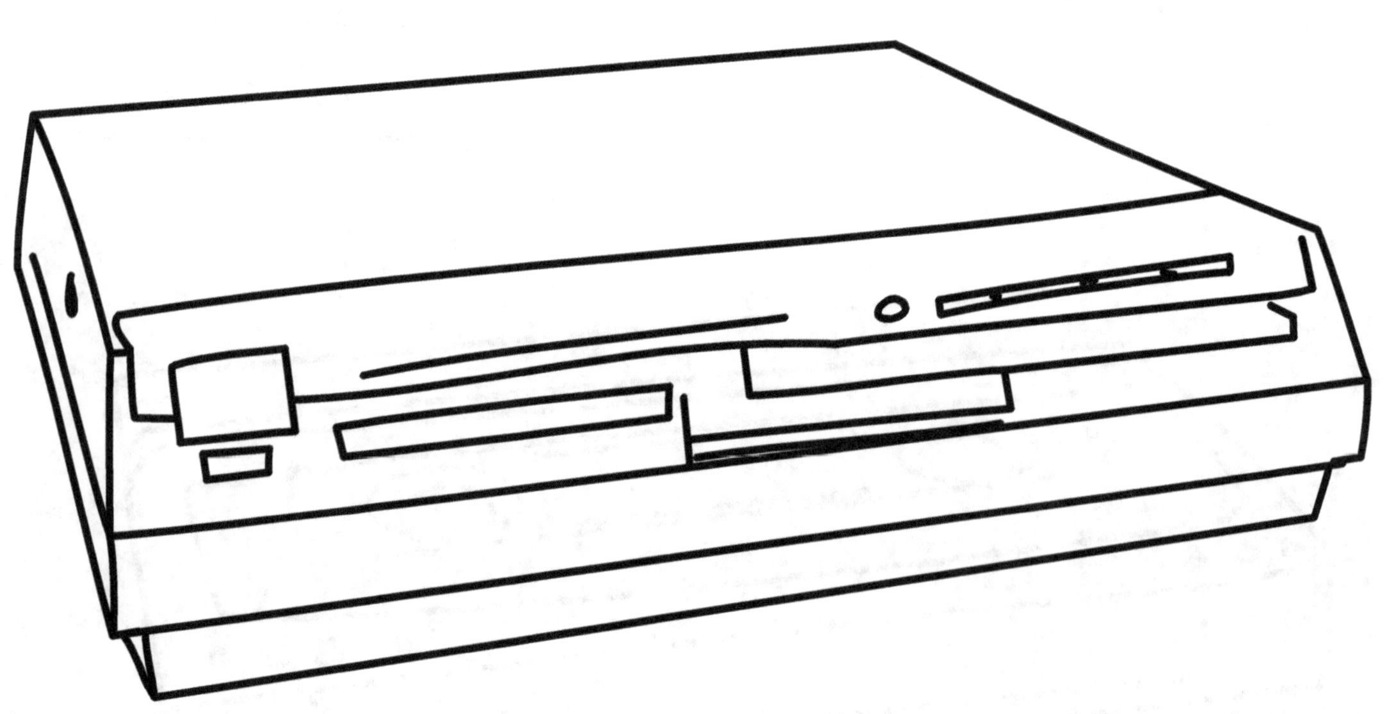

Dato curioso
Este formato era más barato de producir, tanto el reproductor como los discos, que el producto de video doméstico líder del momento (VHS), pero los discos se desgastaban más rápido con la reproducción repetida

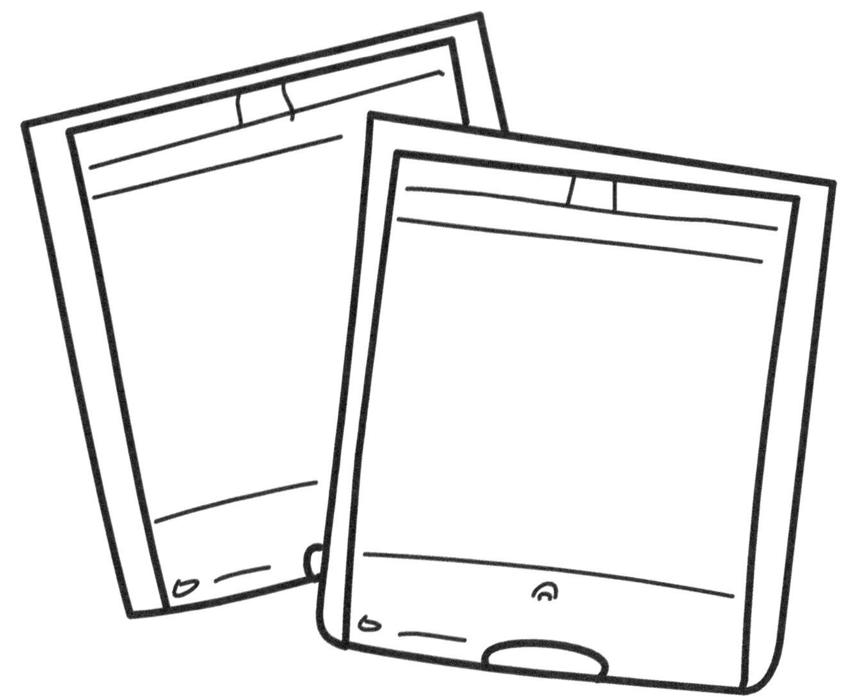

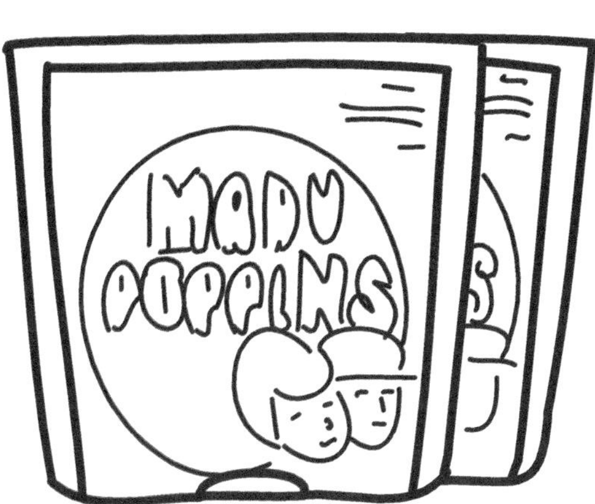

MARY POPPINS

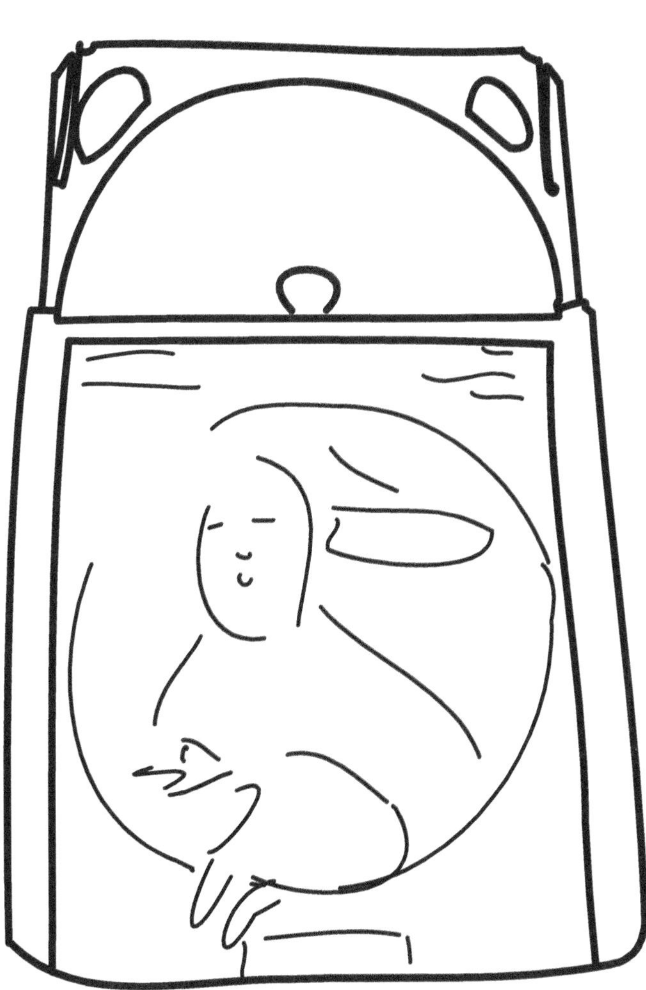

Dato curioso
Aunque diseñado en 1964 originalmente, este formato no apareció en el mercado sino hasta 1981, donde ya era obsoleto comparado con el VHS, el Betamax, y el Disco Láser

Betacam

Formato
analógico

Era
1982–2006

Desarrollado por
Sony

Tamaño
Corto: 15,6 × 9,6 × 2,5 cm
Largo: 25,4 × 14,5 × 2,5 cm

Capacidad
Corto: 63 minutos
Largo: 194 minutos

Dato curioso
Este formato es un sucesor de mayor calidad de Betamax, pensado para la transmisión profesional, no para uso doméstico; a diferencia de Betamax, Betacam se convirtió en el formato de transmisión dominante de su era y mercado

Dato curioso
Una cinta Betamax en blanco puede funcionar en una casetera Betacam y una cinta Betacam se puede usar para grabar en una casetera Betamax (aunque esta práctica no se recomienda)

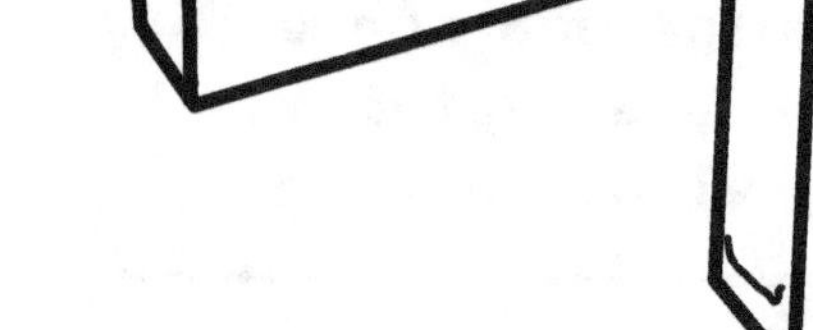

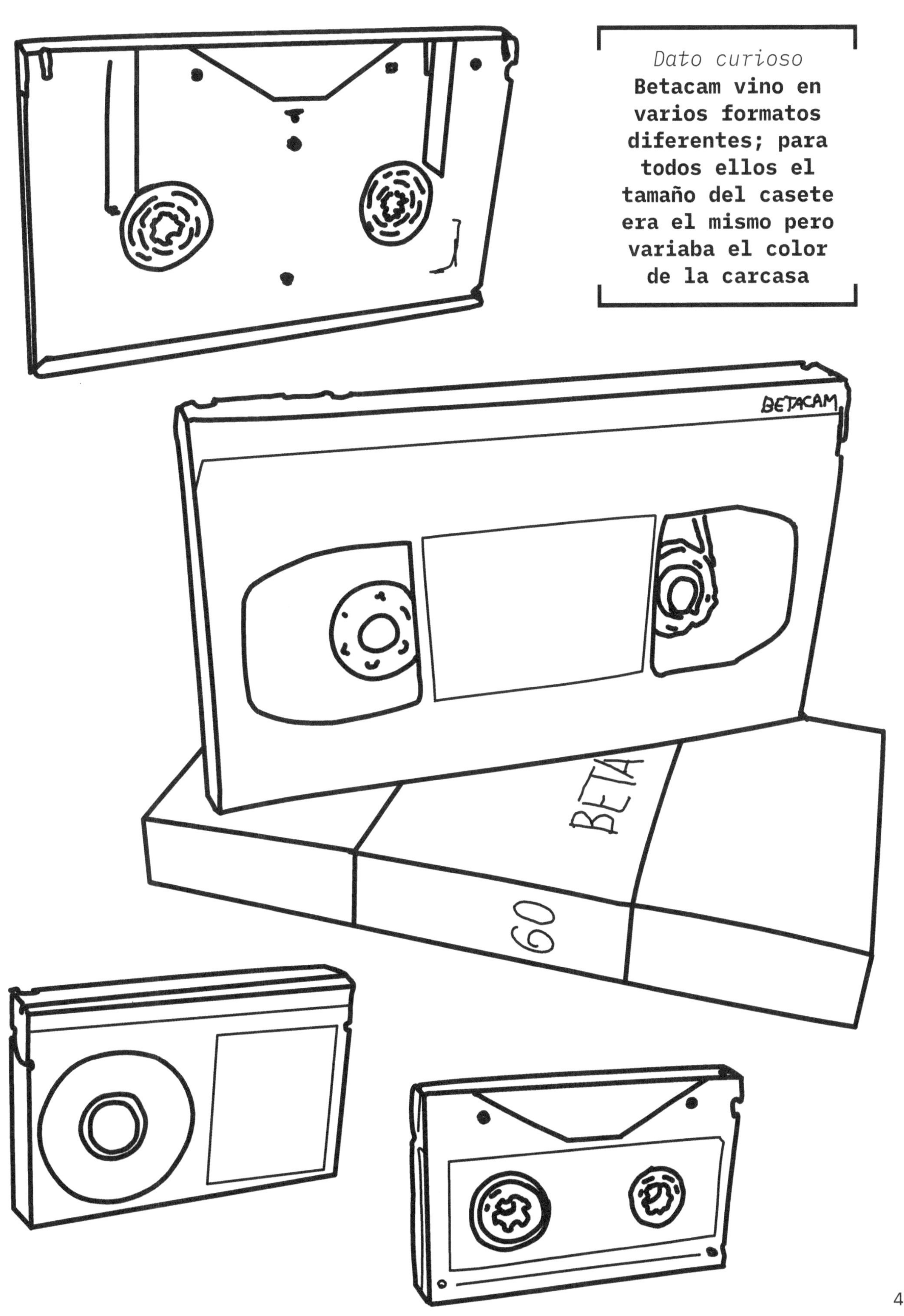

Dato curioso
Betacam vino en varios formatos diferentes; para todos ellos el tamaño del casete era el mismo pero variaba el color de la carcasa
BETACAM
BETA
60

Video8/Hi8

Formato
analógico

Capacidad
2 horas

También conocido como
8mm

Tamaño
9,5 × 6,2 × 1,5 cm

Dato curioso
El atractivo de este formato era su tamaño más pequeño, que permitía que las videocámaras fueran mucho más livianas que el VHS o Betamax

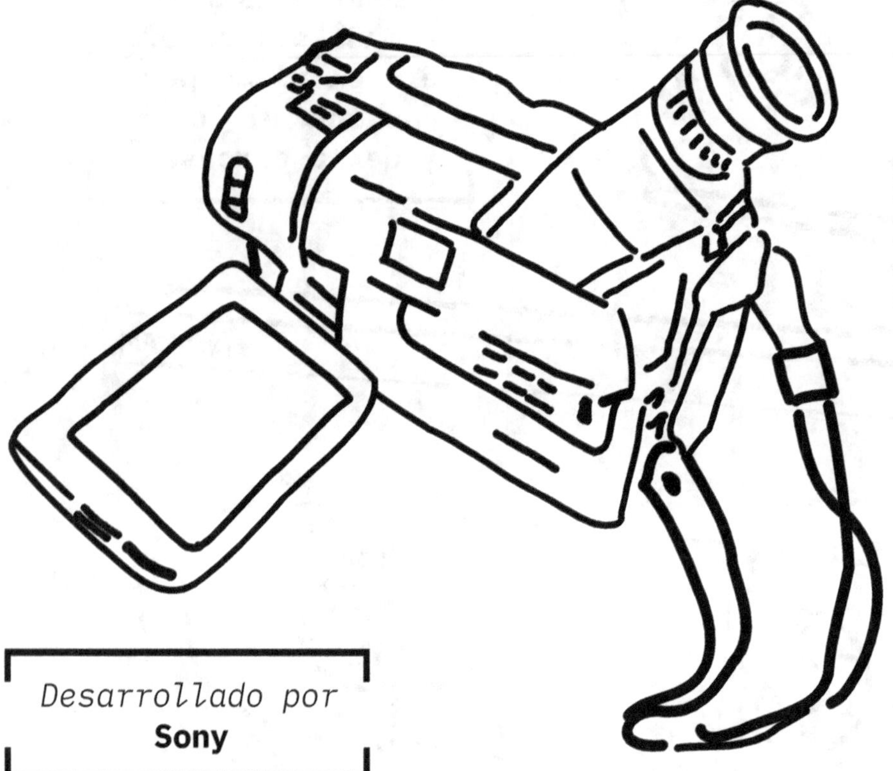

Desarrollado por
Sony

Era
Video8: 1985–decada del 2000
Hi8: 1989–2007

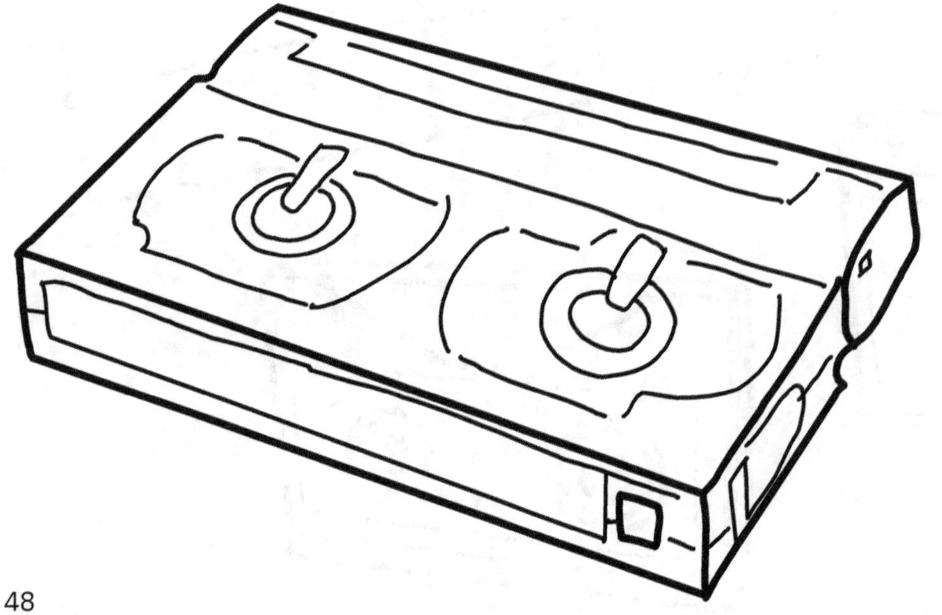

Dato curioso
Este formato fue lanzado por Kodak inicialmente pero Sony terminó dominando el mercado con su línea de videocámaras Handycam

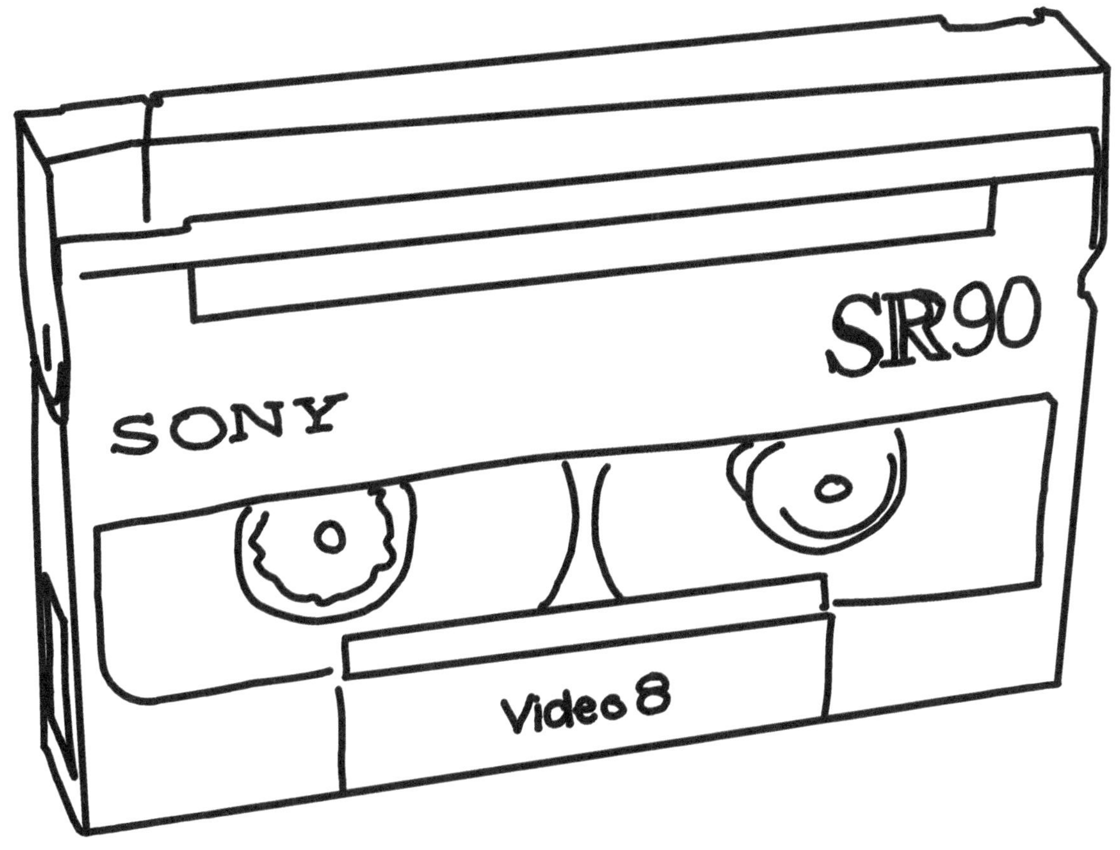

SR90
SONY
Video 8

Dato curioso
El formato Hi8 se desarrolló como una mejora del Video8, con un mayor ancho de banda para los niveles de brillo, pero sin aumentar la resolución del color

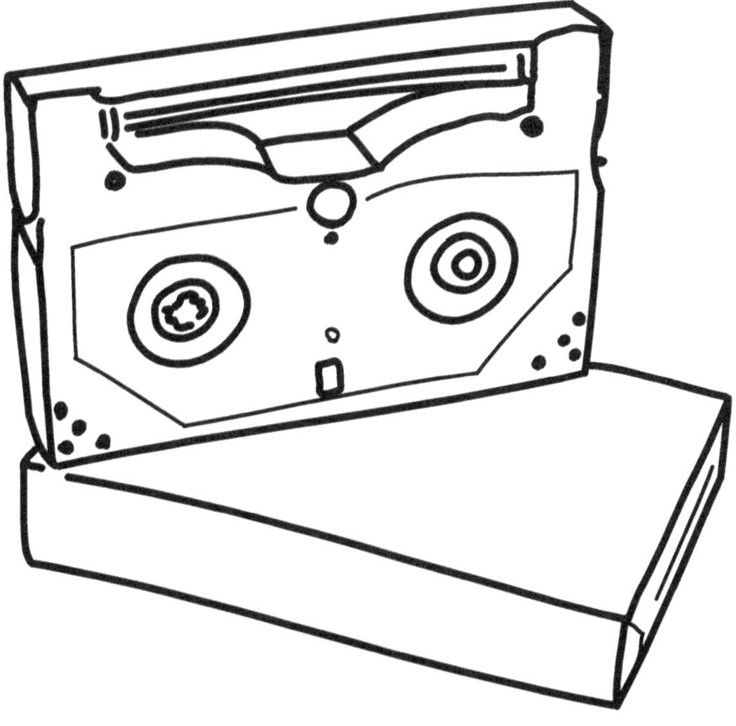

D-1

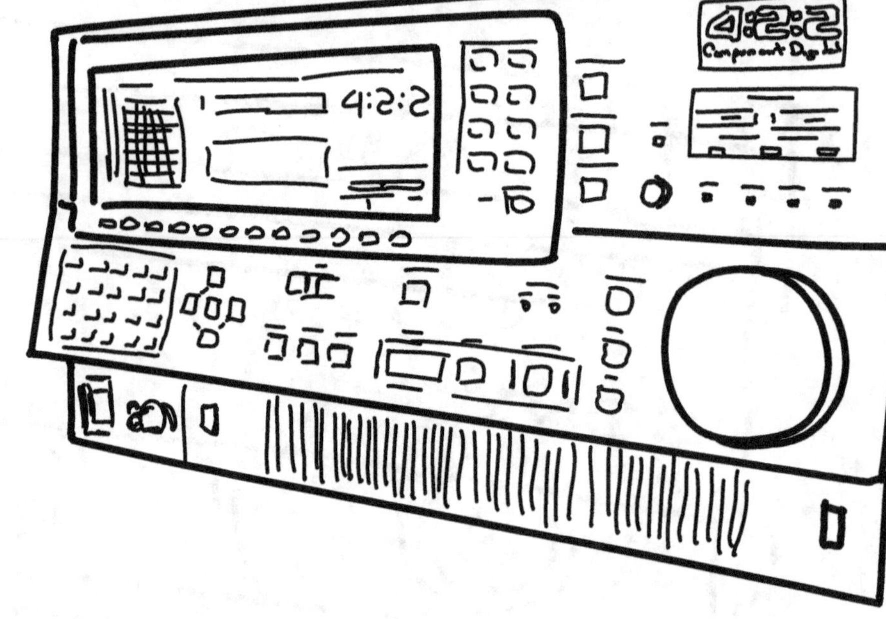

Formato
digital

Desarrollado por
Sony

Tamaño
36,5 × 20,3 × 3,2 cm

Capacidad
94 minutos

Era
1986–década de 1990

También conocido como
4:2:2 Componente Digital

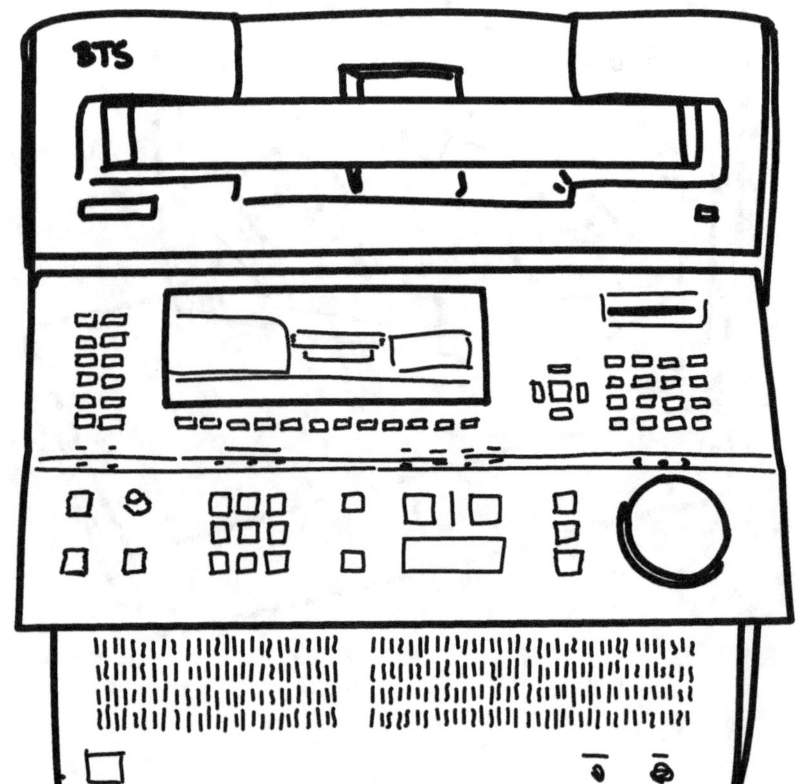

Dato curioso
Este formato usaba video componente (donde las señales de video viajan a través de 3 cables separados), a diferencia del video compuesto más común (donde las señales de video viajan como una sola señal)

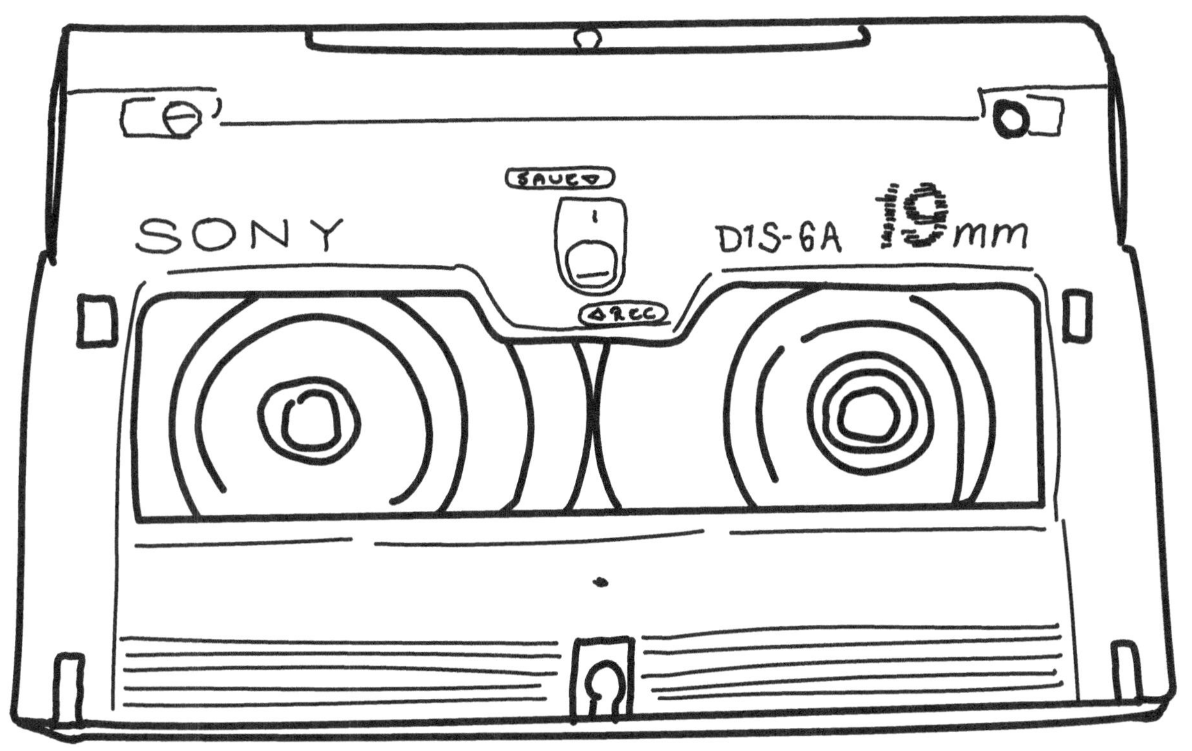

> *Dato curioso*
> **Este formato fue el primer gran sistema profesional de grabación de cintas de video digital**

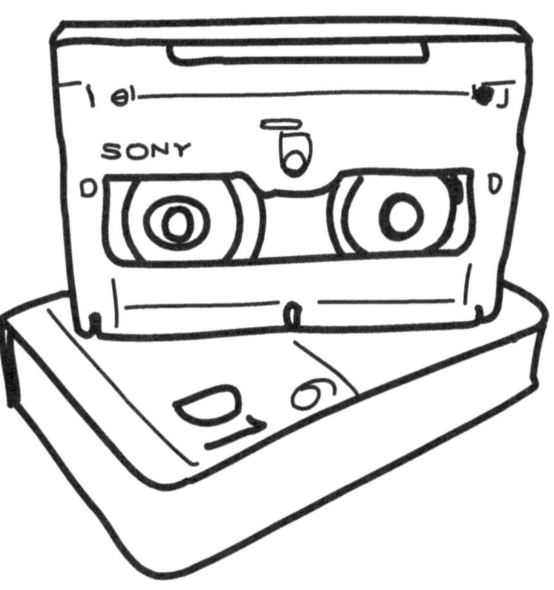

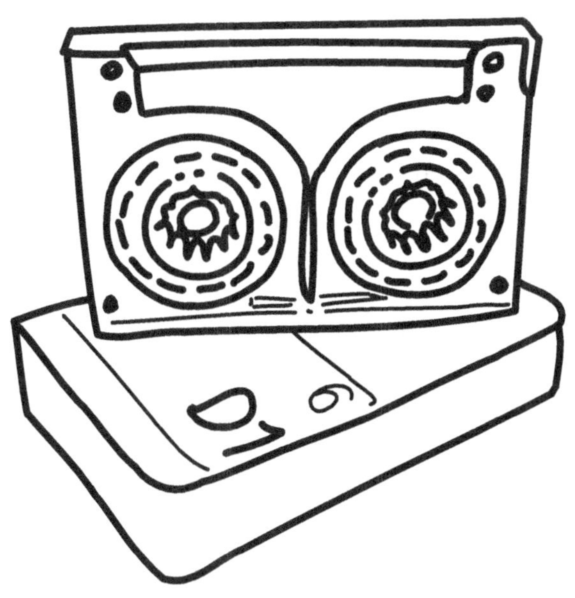

> *Dato curioso*
> **Este fue el formato elegido por los estudios de animación**

MII

También conocido como
M2

Era
1986–década de 1990

Capacidad
Pequeño: 20 minutos
Estándar: 90 minutos

Tamaño
Pequeno: 13 × 8,7 × 2,5 cm
Estándar: 18,7 × 10,6 × 2,5 cm

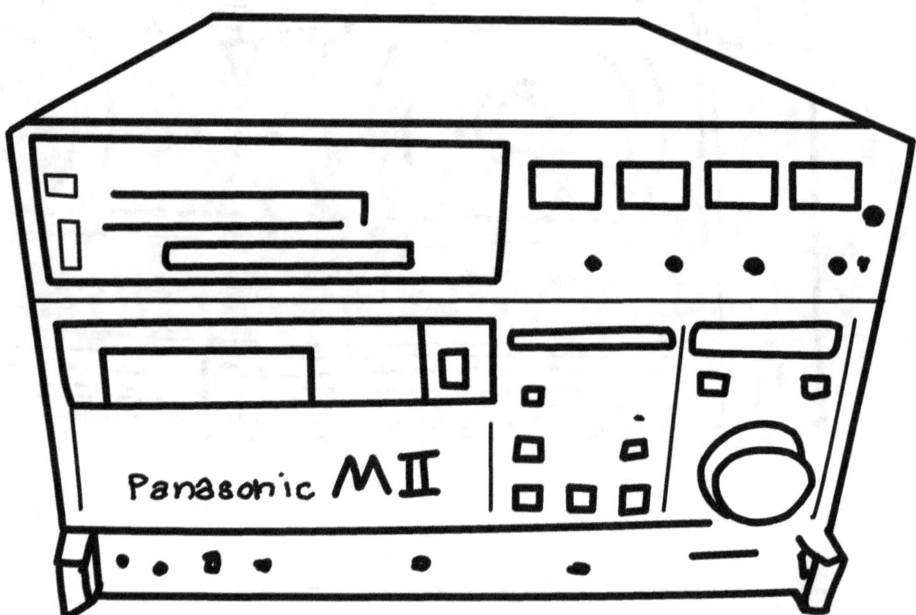

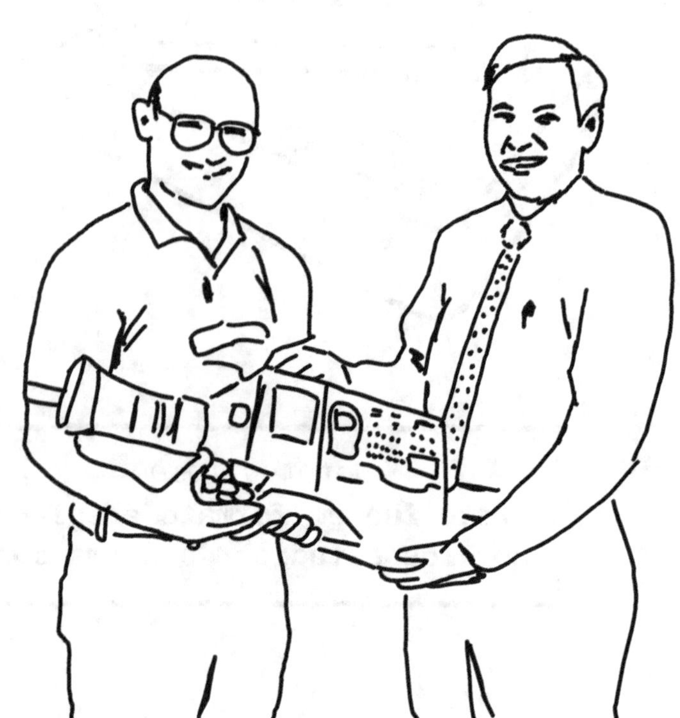

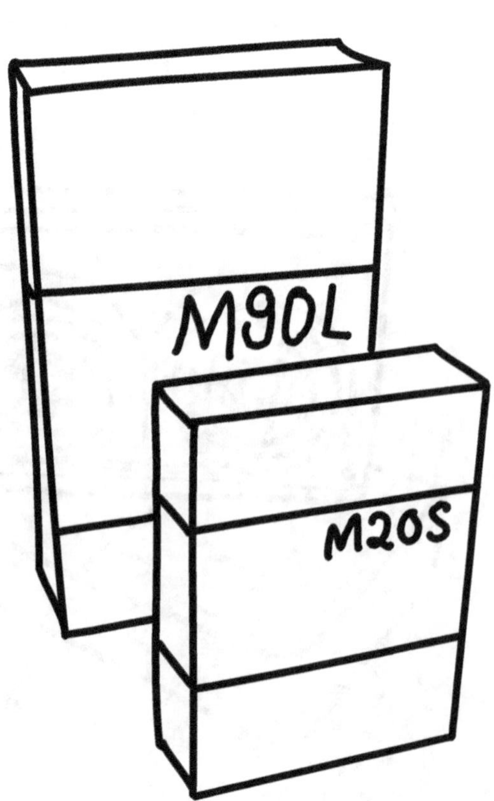

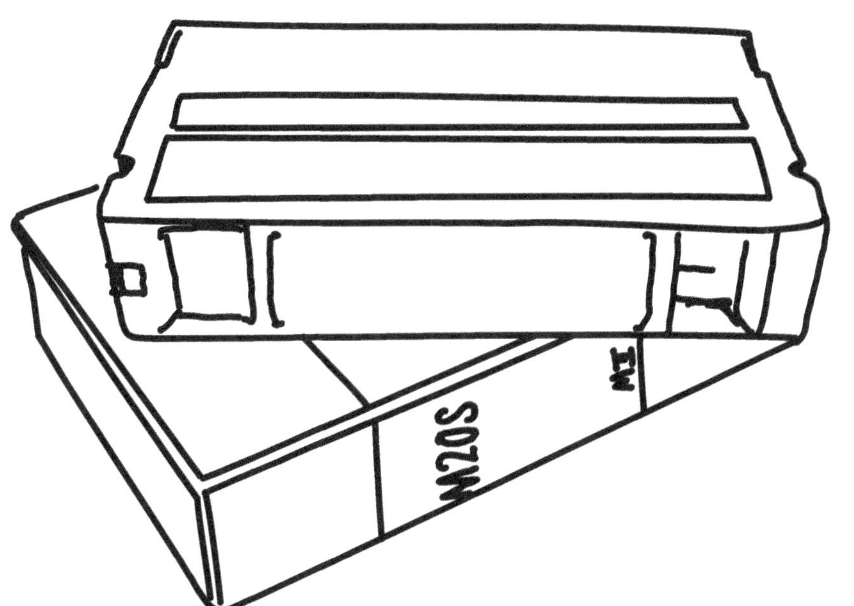

M20S
MI

Dato curioso
Este formato era una versión mejorada de su predecesor, el fallido formato M; si bien los casetes eran similares, utilizaron diferentes fórmulas de cinta magnética y métodos de procesamiento de señales

Dato curioso
Este formato fue desarrollado para competir con el Betacam SP de Sony; si bien ganó cierta popularidad, perdió en gran medida debido a la falta de soporte de reparación confiable y asequible

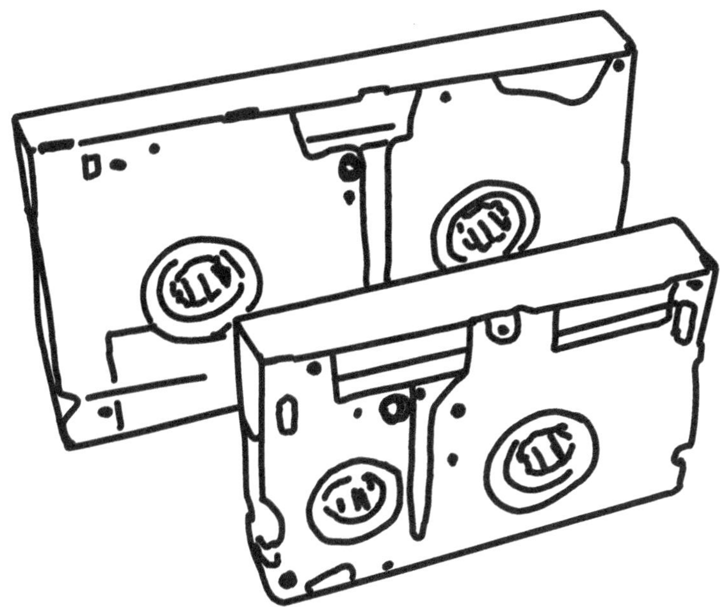

Dato curioso
Los formatos M y MII, como la U en U-matic y la B en Beta, recibieron su nombre de la forma de M de la cinta pasando a través de un reproductor (y VHS usó esta misma técnica)

Pixelvision

Desarrollado por
Fisher-Price

También conocido como
PXL2000, Sanwa Sanpix1000,
KiddieCorder, Georgia

Capacidad
11 minutos

Era
1987–década
de 1990

Tamaño
10 × 6,3 × 1,3 cm

Dato curioso
Estas videocámaras
grababan audio y
video de baja
resolución en
casetes de audio
de música estándar

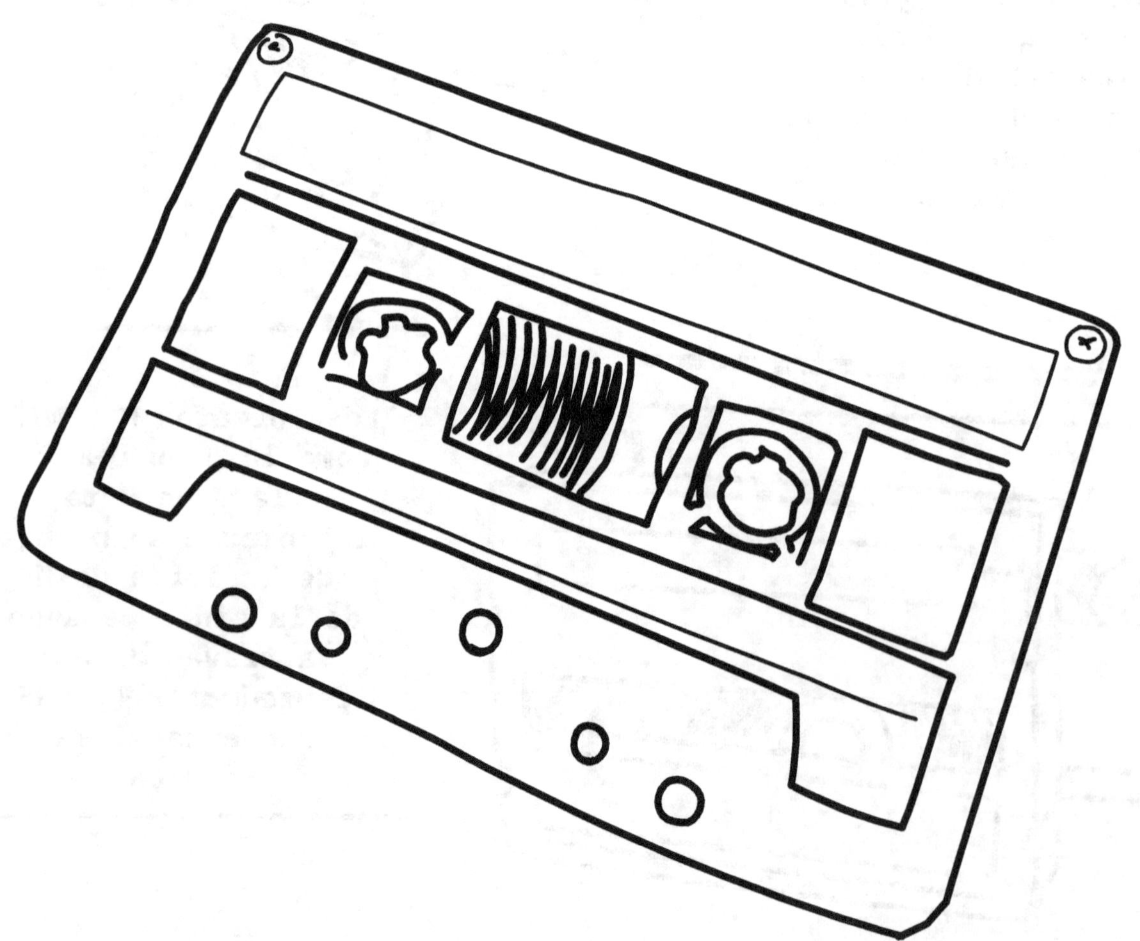

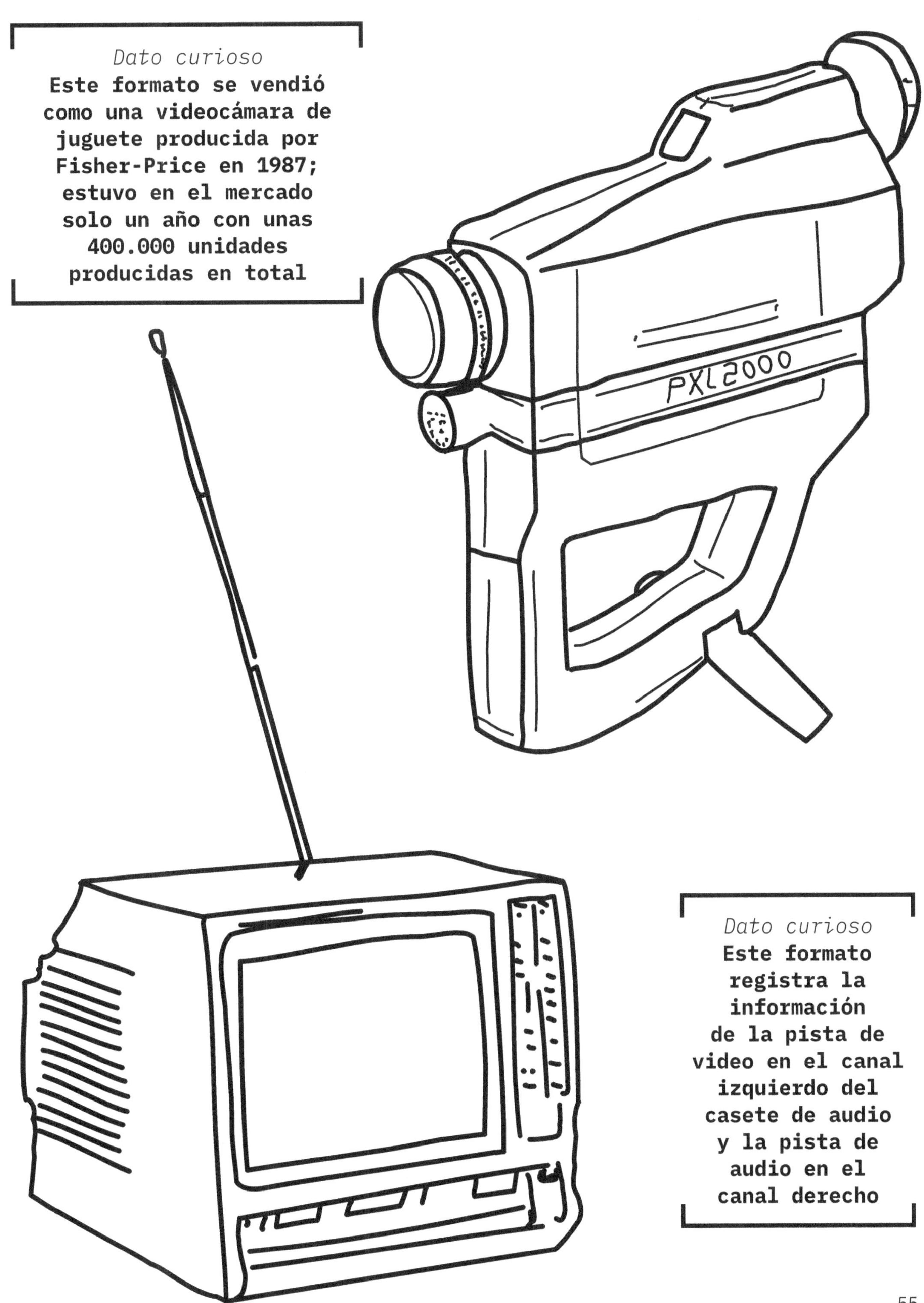
Dato curioso
Este formato se vendió como una videocámara de juguete producida por Fisher-Price en 1987; estuvo en el mercado solo un año con unas 400.000 unidades producidas en total
PXL 2000
Dato curioso
Este formato registra la información de la pista de video en el canal izquierdo del casete de audio y la pista de audio en el canal derecho

D-2

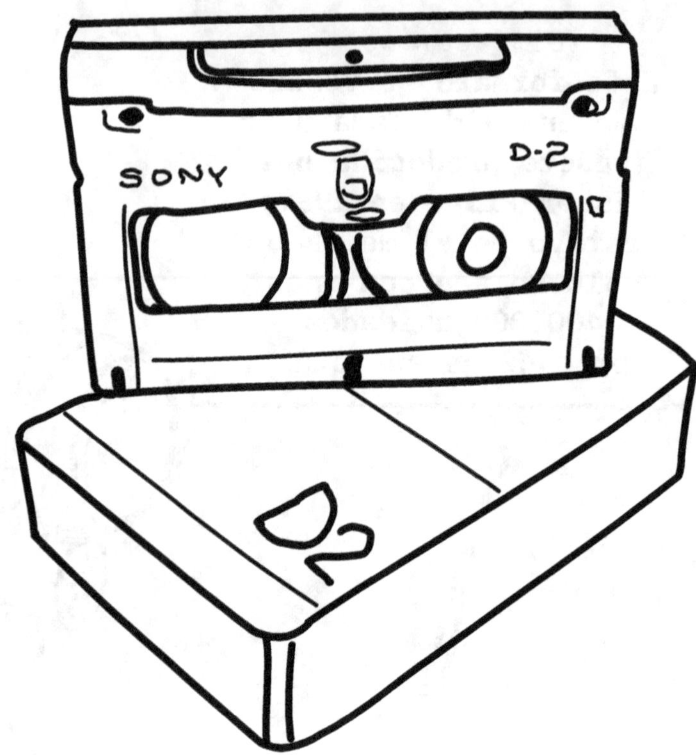

Formato
digital

Desarrollado por
Ampex & Sony

Capacidad
Pequeño: 32 minutos
Mediano: 94 minutos
Grande: 208 minutos

Tamaño
Pequeño: 17,2 × 10,9 × 3,3 cm
Mediano: 24,5 × 15 × 3,3 cm
Grande: 36,6 × 20,6 × 3,3 cm

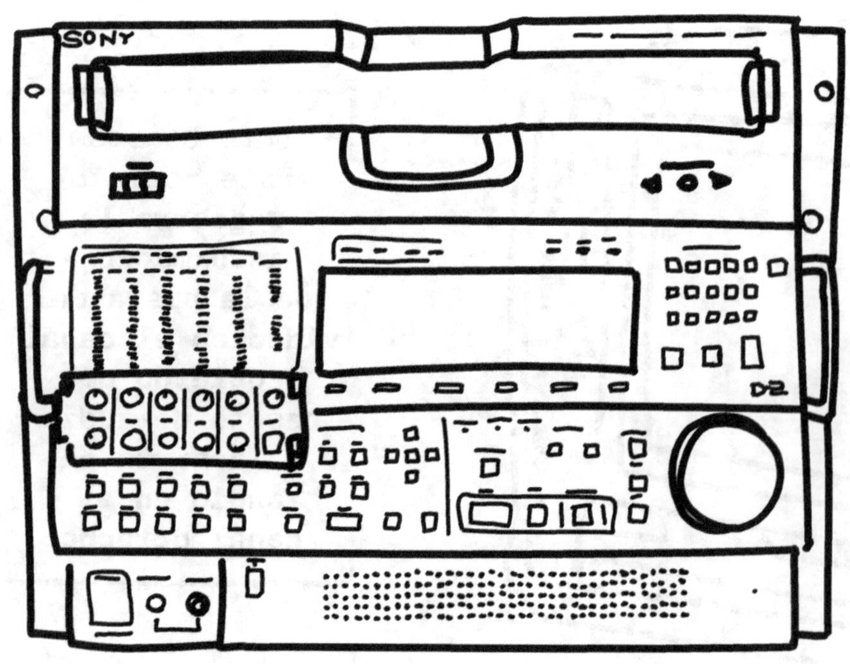

Dato curioso
**Las máquinas D-2
pueden usar
tanto conectores
de video digital
en serie o de
video analógico**

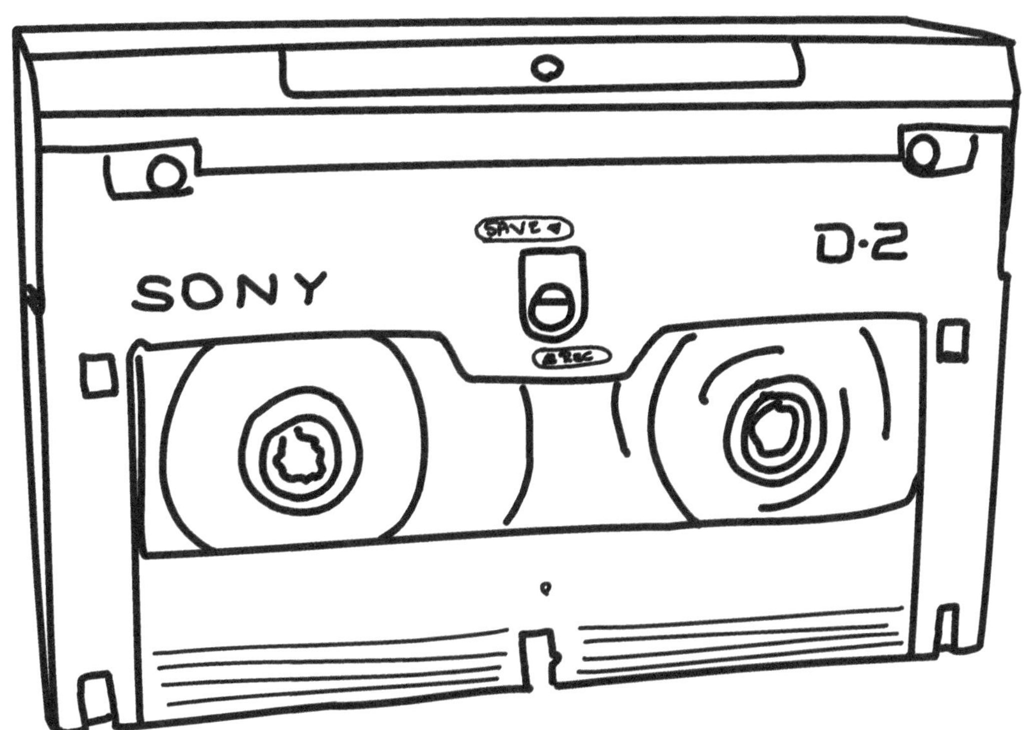

SONY
SAVE
REC
D·2

Dato curioso
Ampex recibió
un Emmy
técnico en
1989 por el
trabajo en
la creación
de este
formato

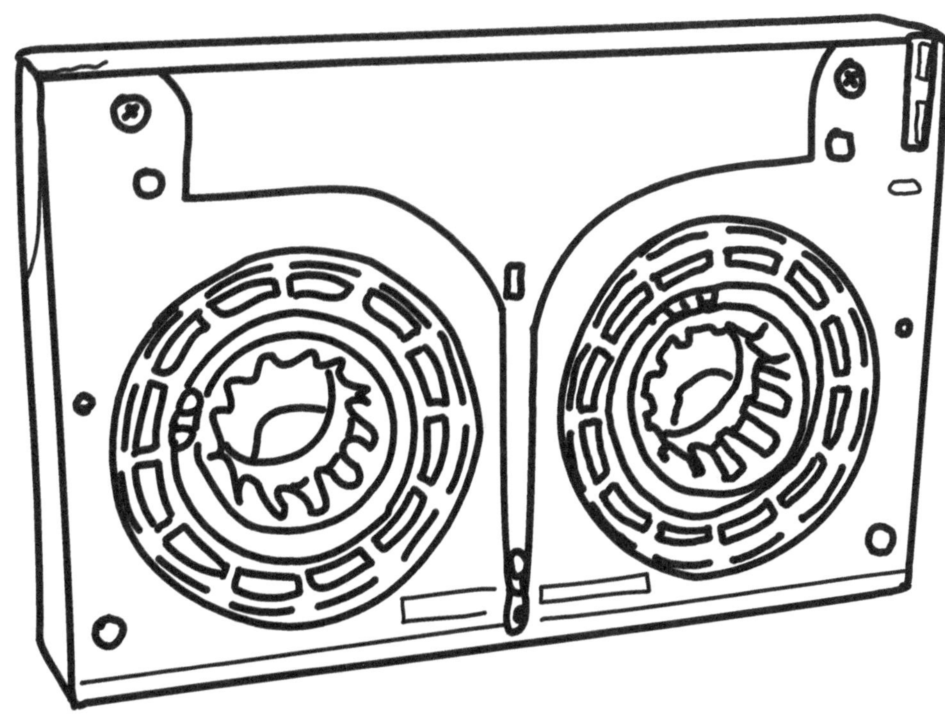

Dato curioso
Mientras que
su predecesor,
D-1, usaba video
componente,
D-2 (y su
sucesor, D-3)
usaba video
compuesto
digital

Formato
digital

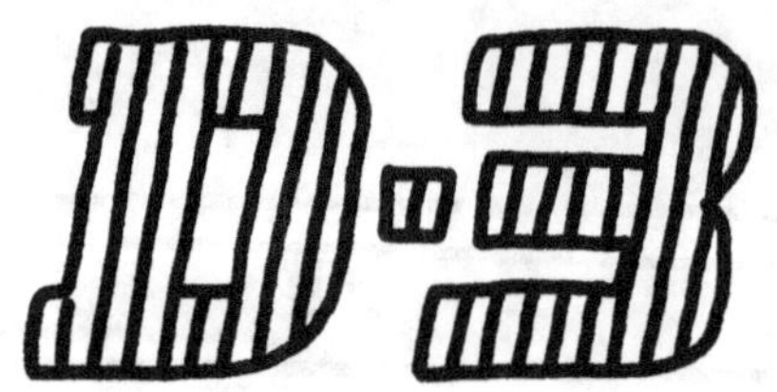

Desarrollado por
NHK

Era
1991-década
de los 2000

También conocido como
Media pulgada digital

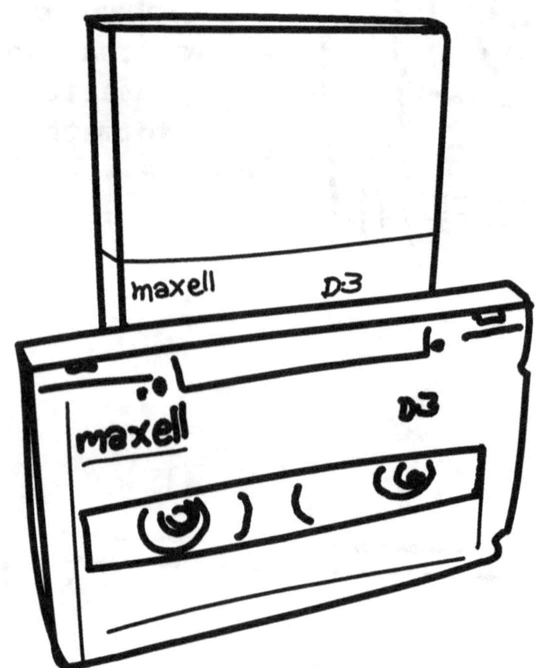

Capacidad
Pequeño: 50 minutos
Mediano: 126 minutos
Grande: 248 minutos

Tamaño
Pequeño: 16,1 × 9,6 × 2,5 cm
Mediano: 21,2 × 12,4 × 2,5 cm
Grande: 29,6 × 16,7 × 2,5 cm

Dato curioso
La tecnología detrás de este formato fue desarrollada por la NHK y distribuida comercialmente por Panasonic

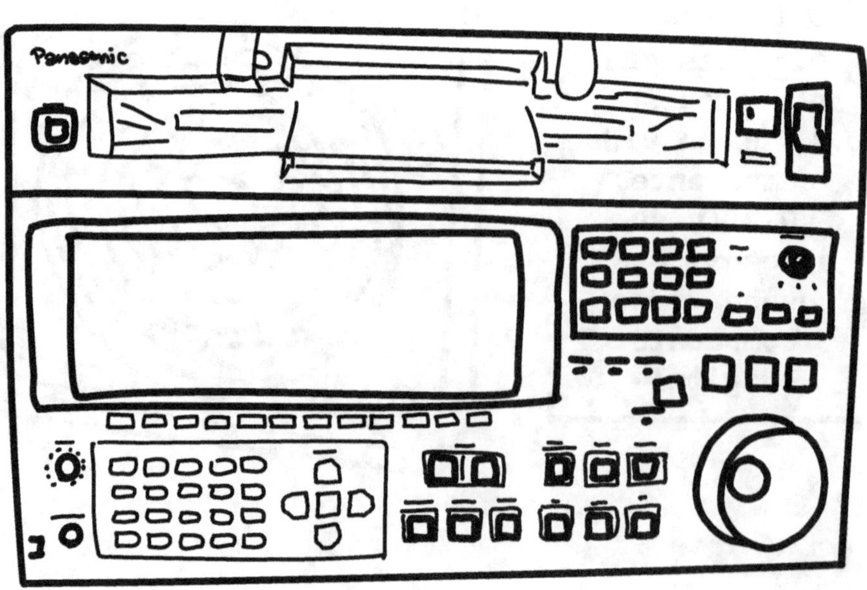

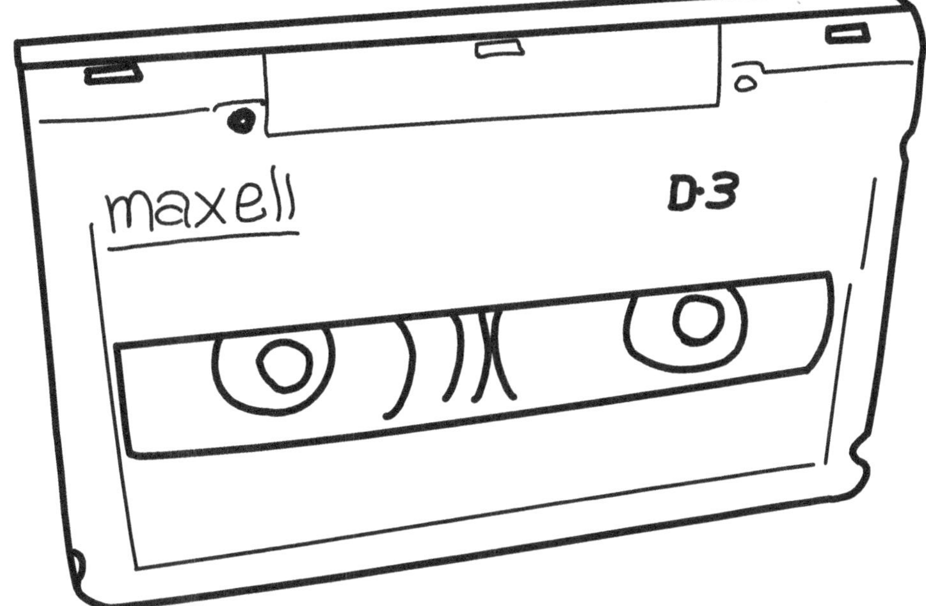
maxell
D-3

Dato curioso
D-3 usó la misma
tecnología
que D-2 pero
en un casete
más pequeño;
este formato
ofrecía las
únicas
videocámaras
de cinta
digital sin
pérdidas
disponibles
en el
mercado

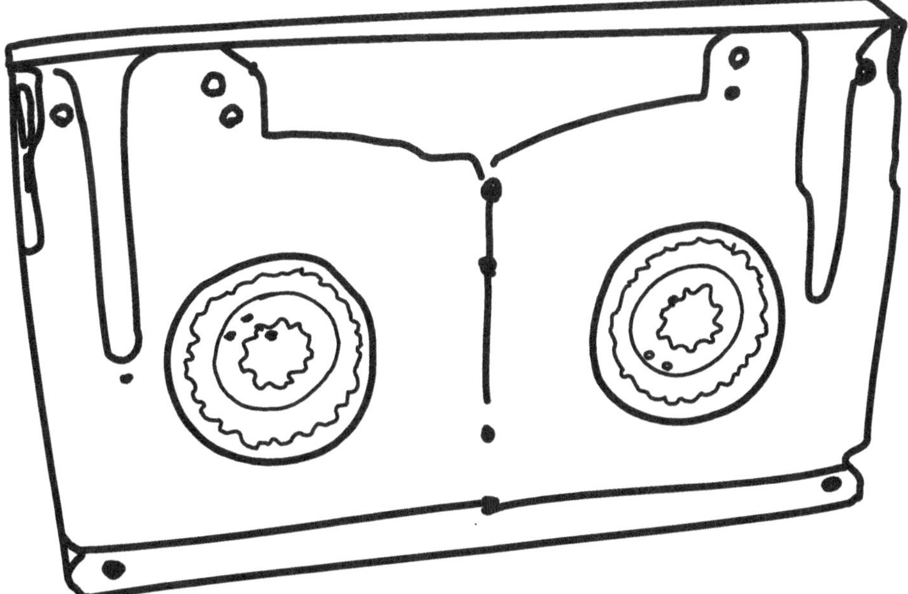

Dato curioso
Este formato de
cinta de video
digital fue
elegido como el
formato de archivo
por la British
Broadcasting
Corporation
(BBC) en 1998

Betacam Digital

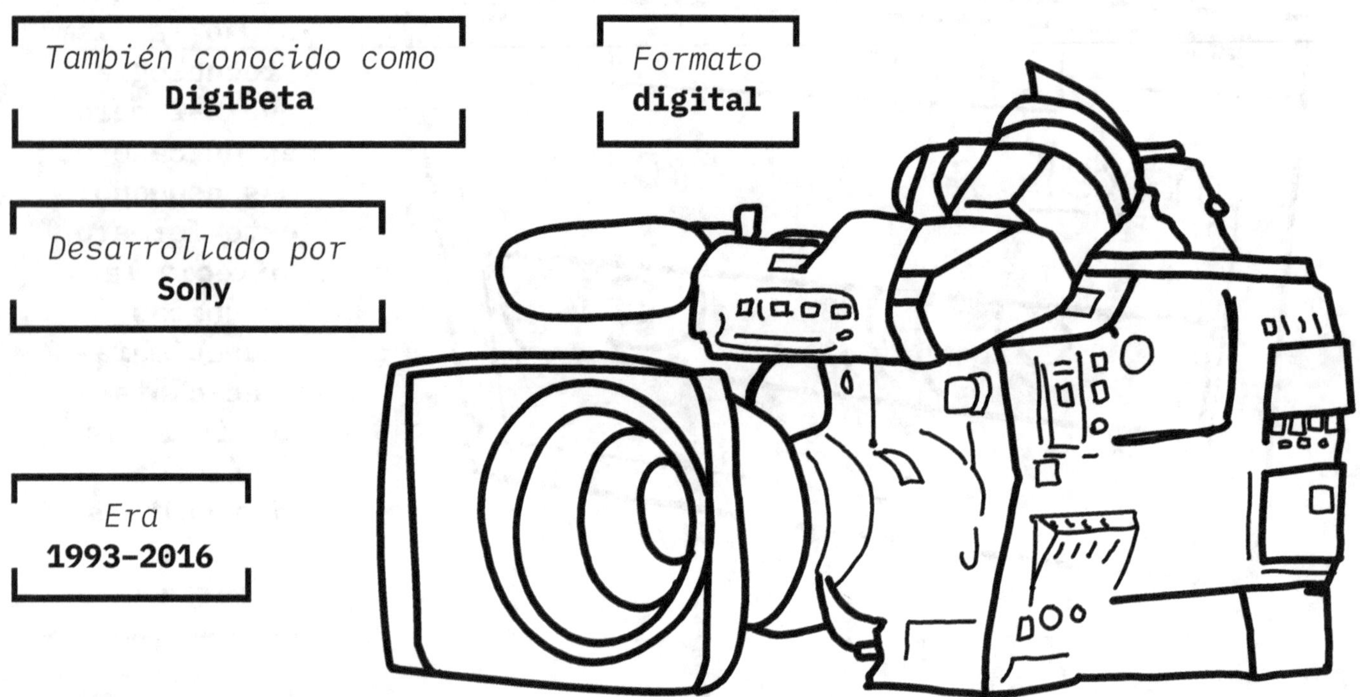

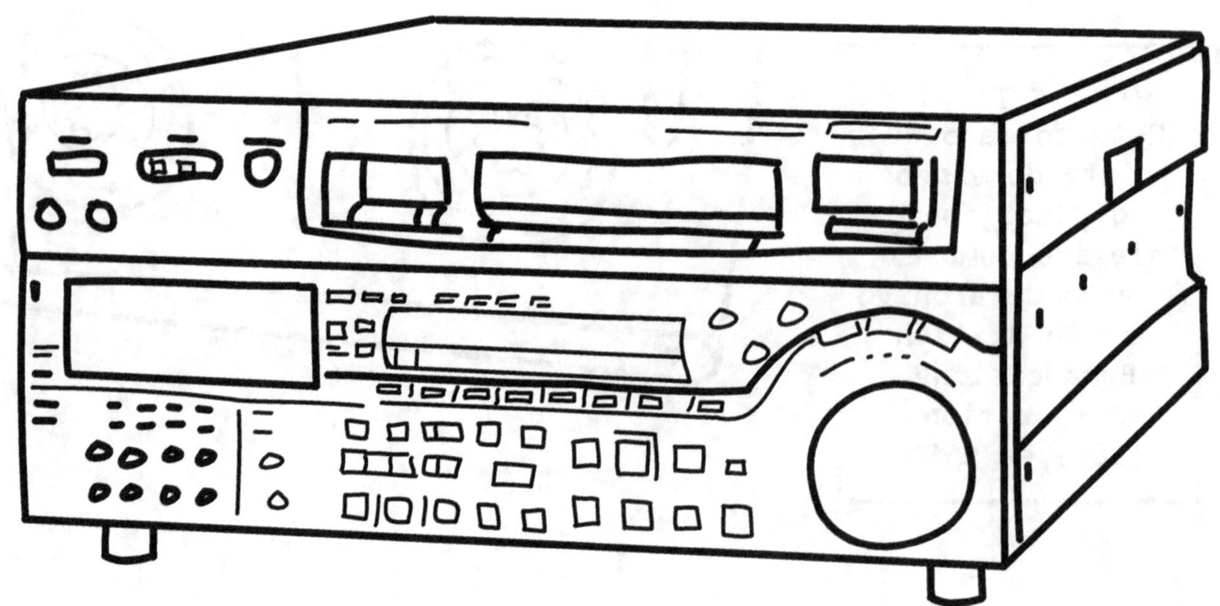

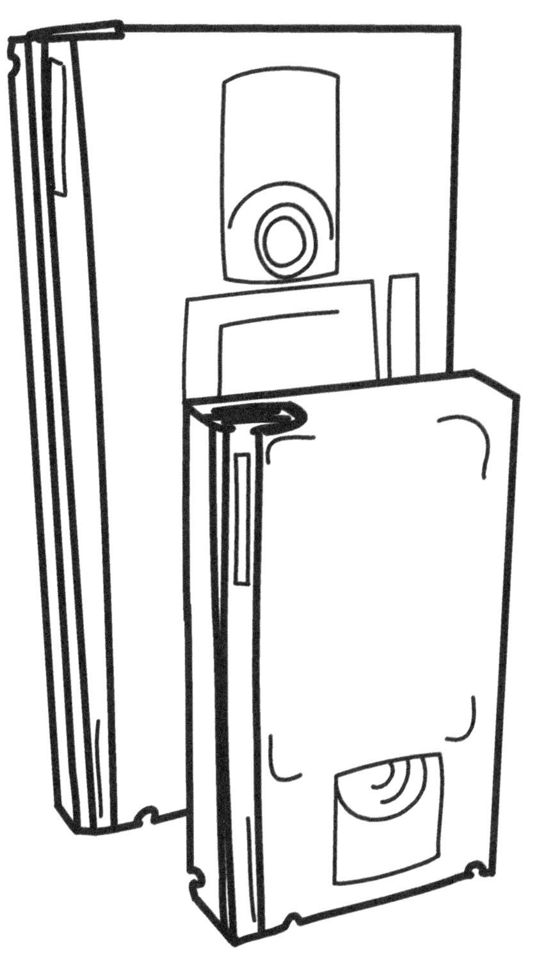

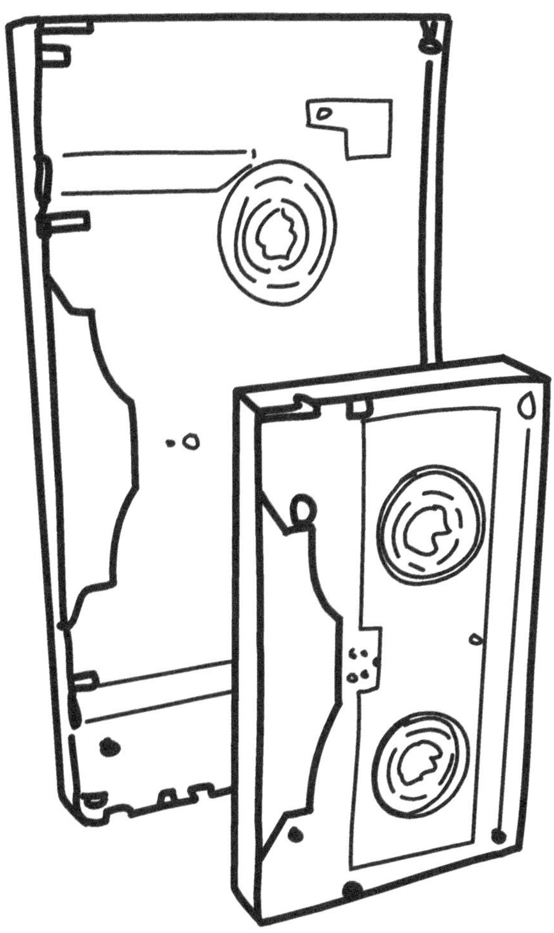

Dato curioso
Este formato competía con
el formato D1, pero era
significativamente más
económico

Dato curioso
Las caseteras
digitales Betacam
incluían conexiones
digitales coaxiales
SDI, lo que
permitía enviar
señales digitales en
el cableado coaxial
ya existente

Dato curioso
Estos estuches
suelen ser azules
y las cintas son
de varios colores
según el fabricante:
Ampex (azul bebé),
Fuji (azul marino)
y Sony (gris)

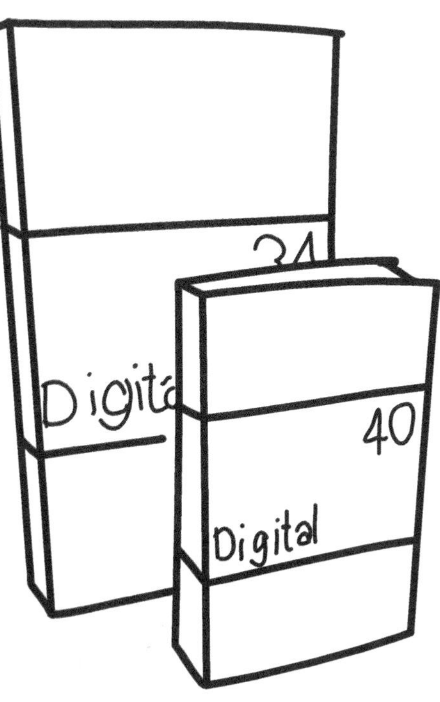

Digital
34
Digital
40

VCD

También conocido como
CD de video, disco compacto de video digital, o VDC (por sus siglas en inglés)

Formato
digital

Desarrollado por
Philips, Sony, Panasonic, JVC

Tamaño
Discos de 4,7 pulgadas

Capacidad
74 minutos

Dato curioso
Este formato tuvo el mayor éxito comercial en China y el Sudeste Asiático

Era
1993–década de los 2000

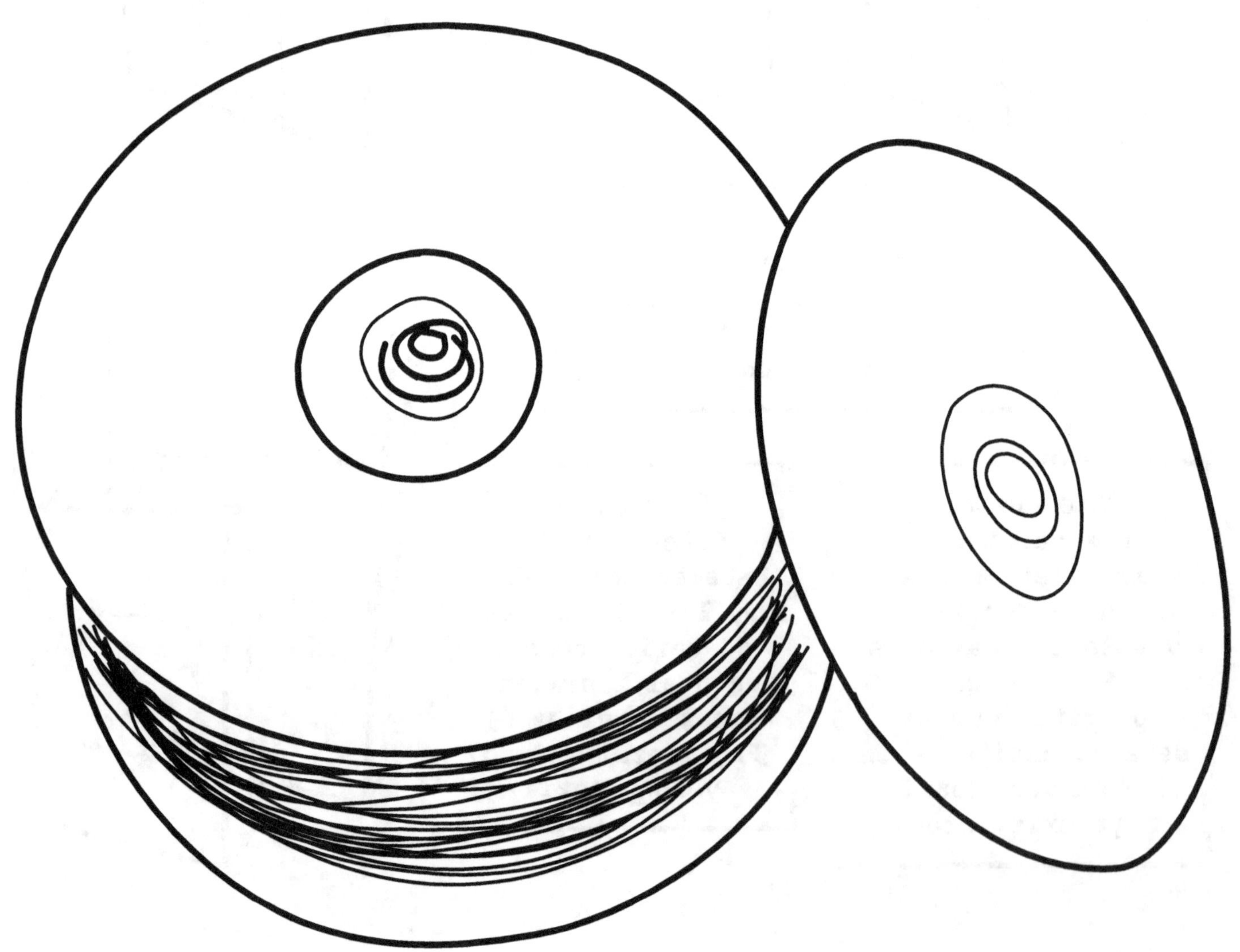

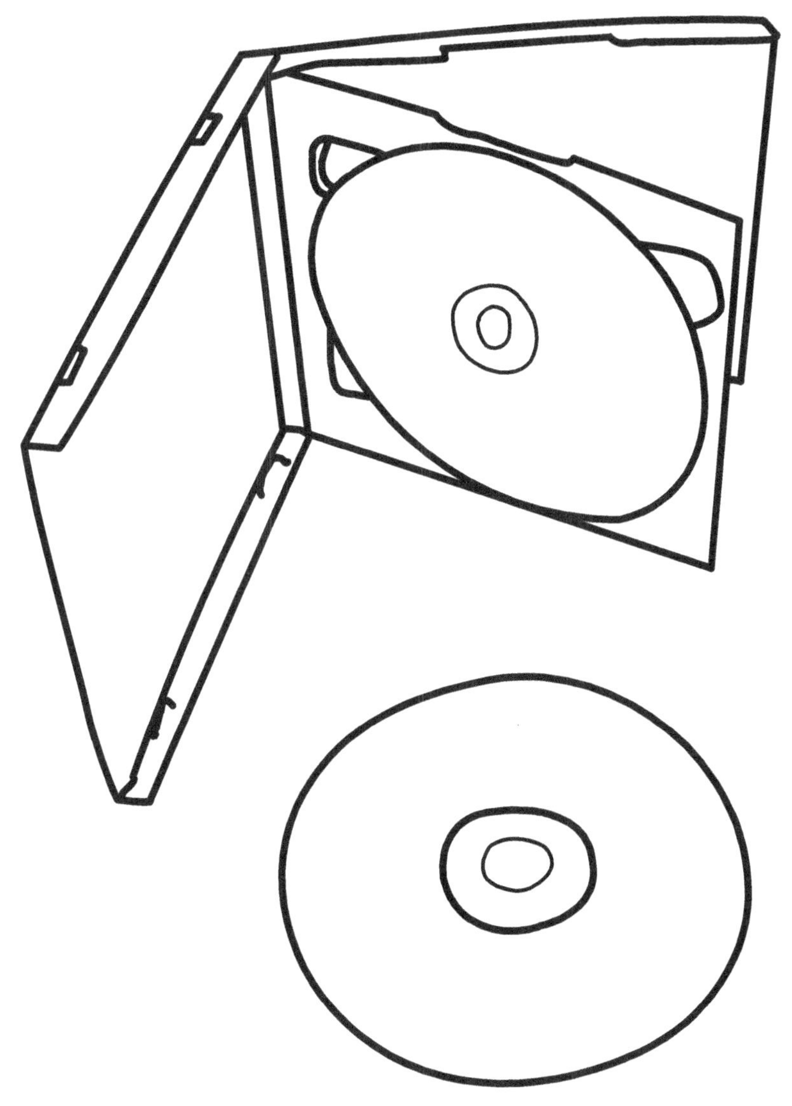

Dato curioso
La calidad de imagen
de este formato fue
desarrollada para
ser comparable a la
calidad de video VHS

Dato curioso
Este formato se puede
reproducir en
reproductores
dedicados, así
como también en
la mayoría de los
reproductores de DVD,
computadoras personales
y algunas consolas
de videojuegos

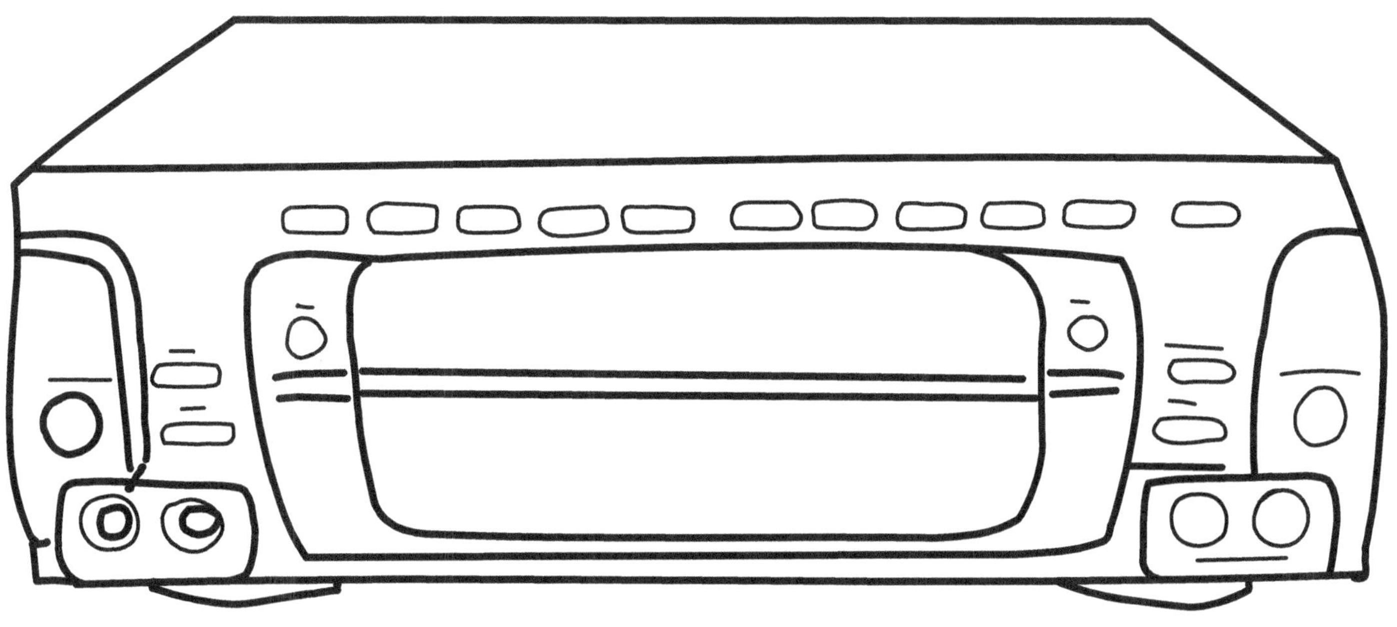

DV/MiniDV

Tamaño
**Pequeño: 6,5 × 4,8 × 1,2 cm
Grande: 12,5 × 7,8 × 1,5 cm**

Formato
digital

Desarrollado por
Sony

Capacidad
**Pequeño: 66 minutos
MiniDV SP: 66 minutos
MiniDV LP: 132 minutos
Grande: 126 minutos**

Era
**1995–década
de 2010**

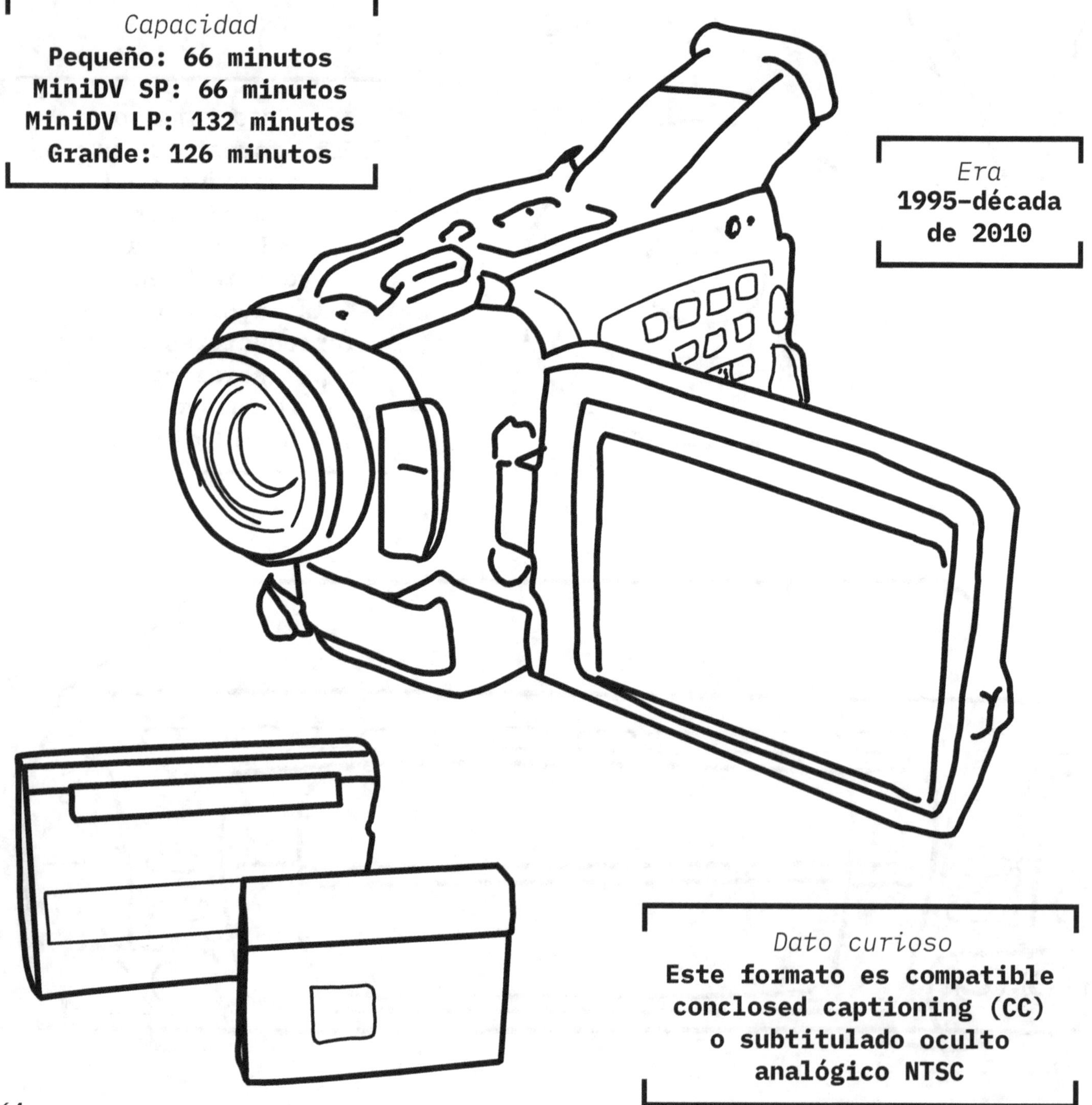

Dato curioso
**Este formato es compatible
conclosed captioning (CC)
o subtitulado oculto
analógico NTSC**

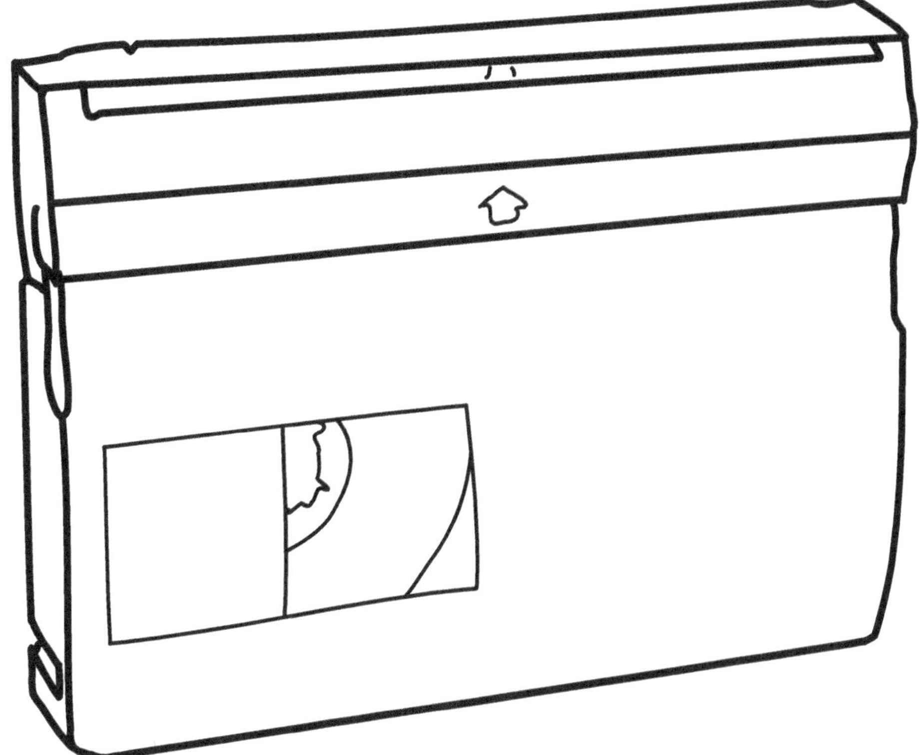

Dato curioso
Las cintas
DV venían en
cuatro tamaños:
pequeña,
mediana,
grande y
extragrande;
MiniDV era
el tamaño
pequeño

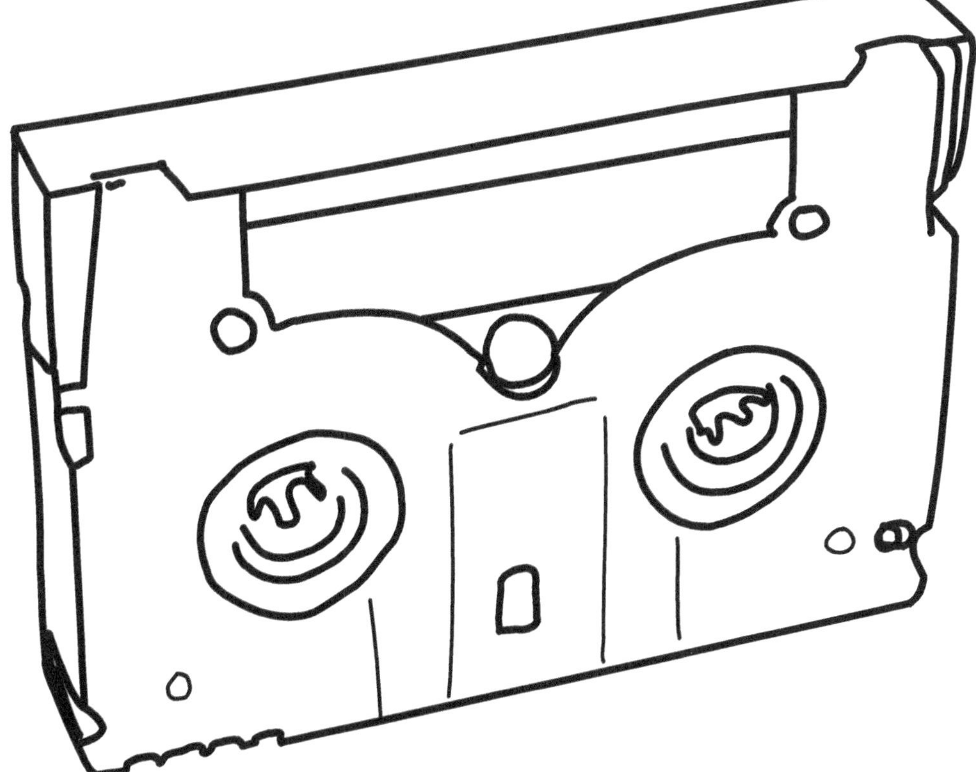

Dato curioso
Este fue
el primer
formato de
cinta en
usar el códec
DV, un formato
que almacena
video
comprimido
con pérdida

DVCPRO

También conocido como
DVCPRO25, DVCPRO50, D7, DVCPROHD, DVCPRO100

Tamaño
Estándar: 9,7 × 6,35 × 1,4 cm
Grande: 12,4 × 7,6 × 1,4 cm

Capacidad

DVCPRO25
Mediano: 66 minutos
Grande: 126 minutos

DVCPRO50
Grande: 92 minutos
Extra Grande: 126 minutos

DVCPROHD/DVCPRO100
Mediano: 33 minutos
Grande: 64 minutos
Extra Grande: 126 minutos

Dato curioso
DVCPRO50, presentado en 1997, usaba dos códecs DV en paralelo, duplicando la velocidad de datos del DVCPRO original a 50 Mbps

Desarrollado por
Panasonic

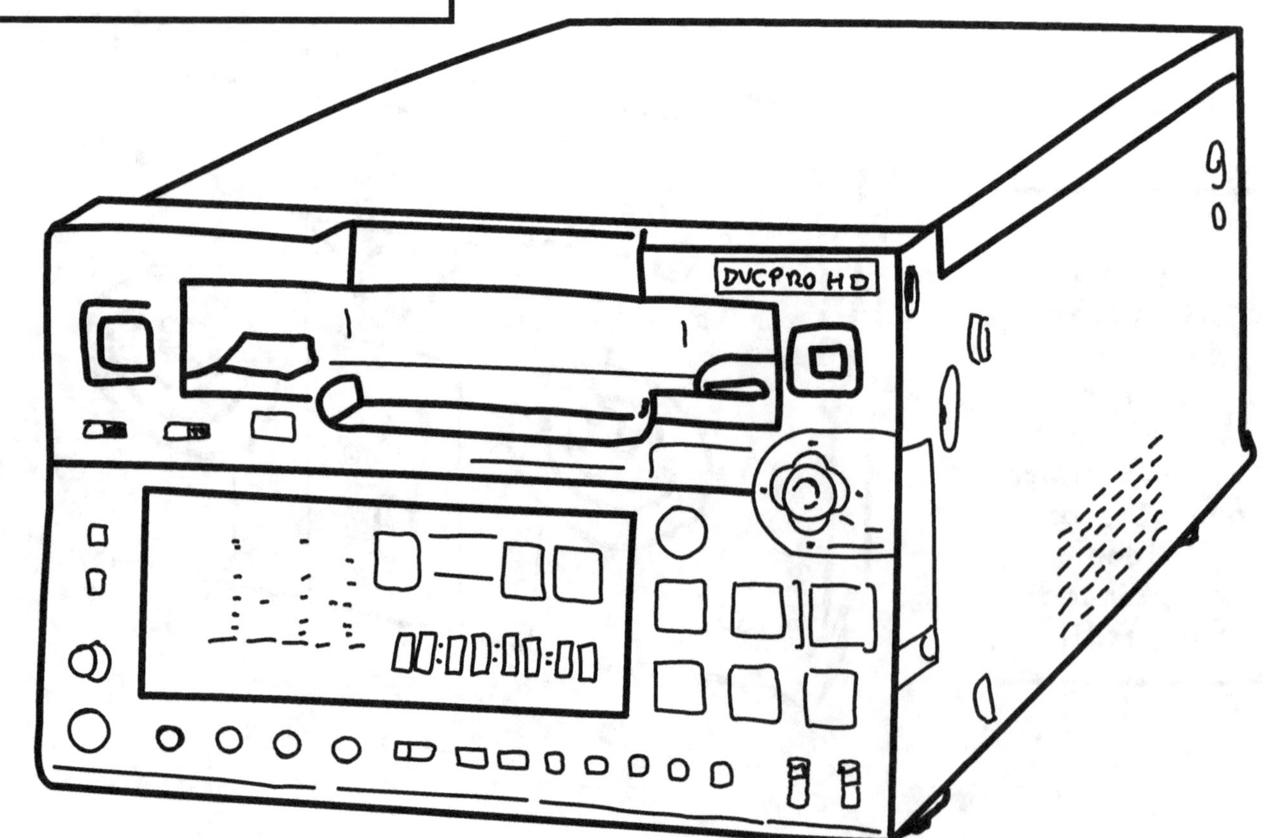

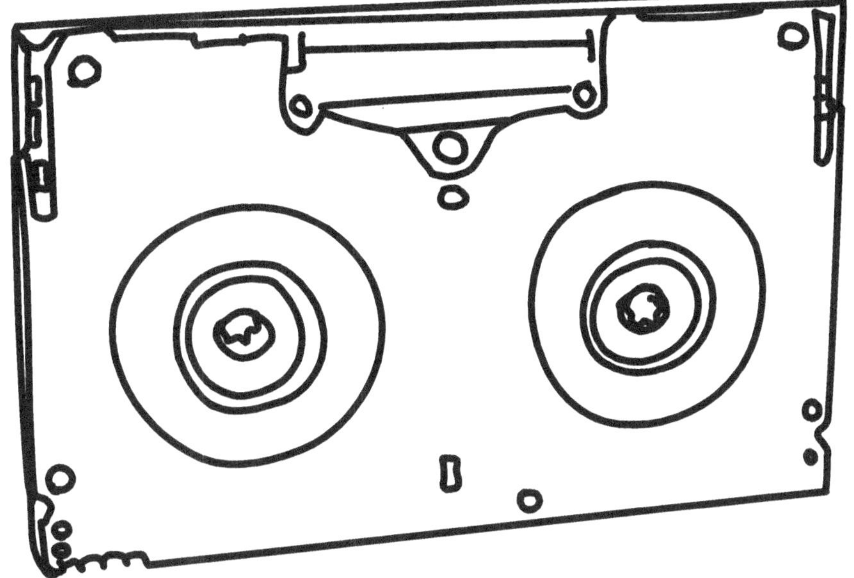

B

Dato curioso
A diferencia del DV básico, DVCPRO usa audio bloqueado, lo que significa que el reloj de muestra de audio se sincroniza con el reloj de muestra de video

Dato curioso
La parte superior de los casetes DVCPRO venía en diferentes colores: DVCPRO25 era amarillo, DVCPRO50 era azul y DVCPROHD y DVCPRO100 eran rojos

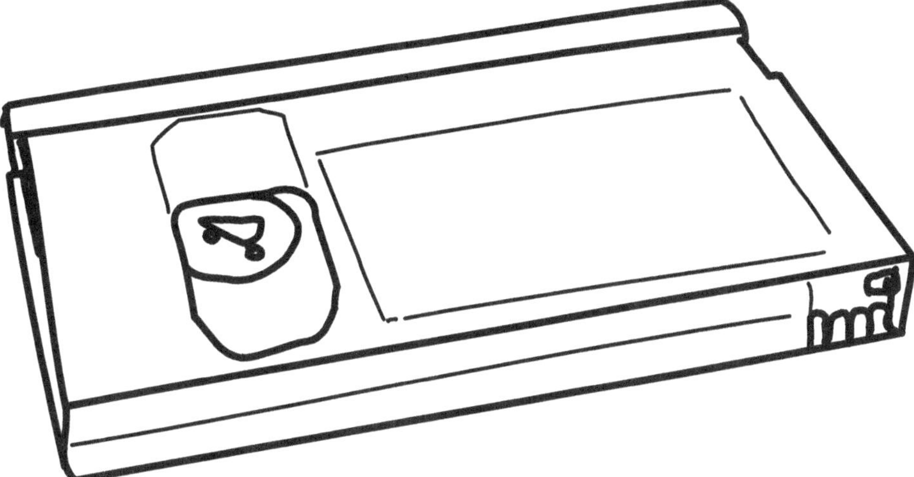

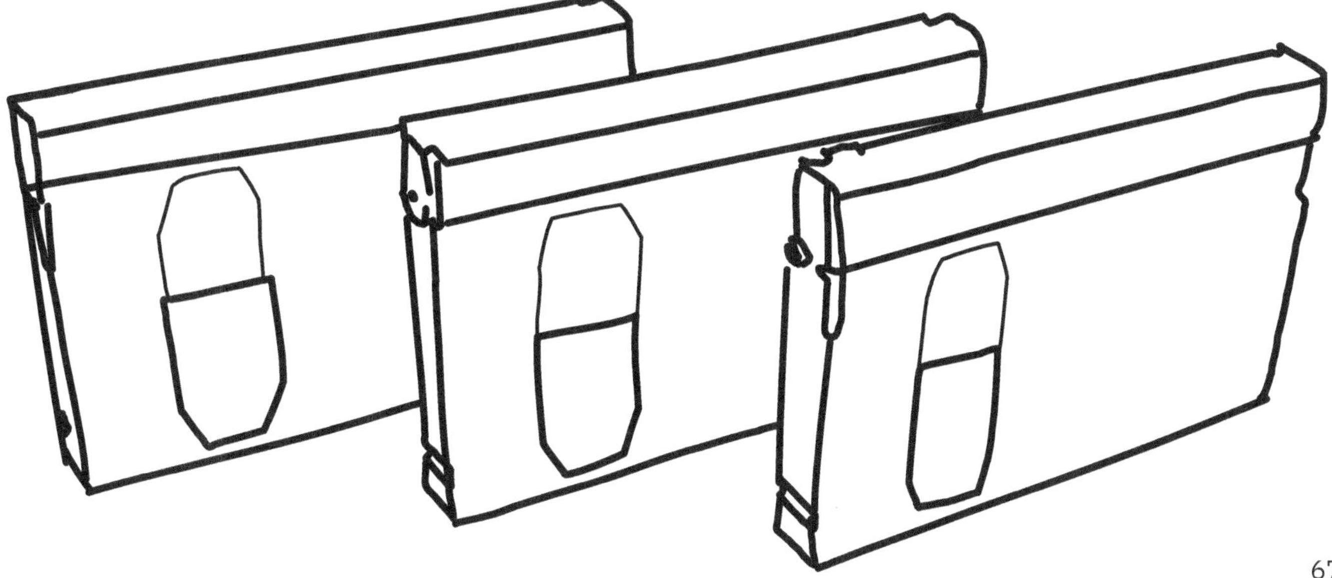

DVD

También conocido como
Disco de video digital

Capacidad
4.7 GB (una capa),
8.5 GB (doble capa),
hasta 17 GB

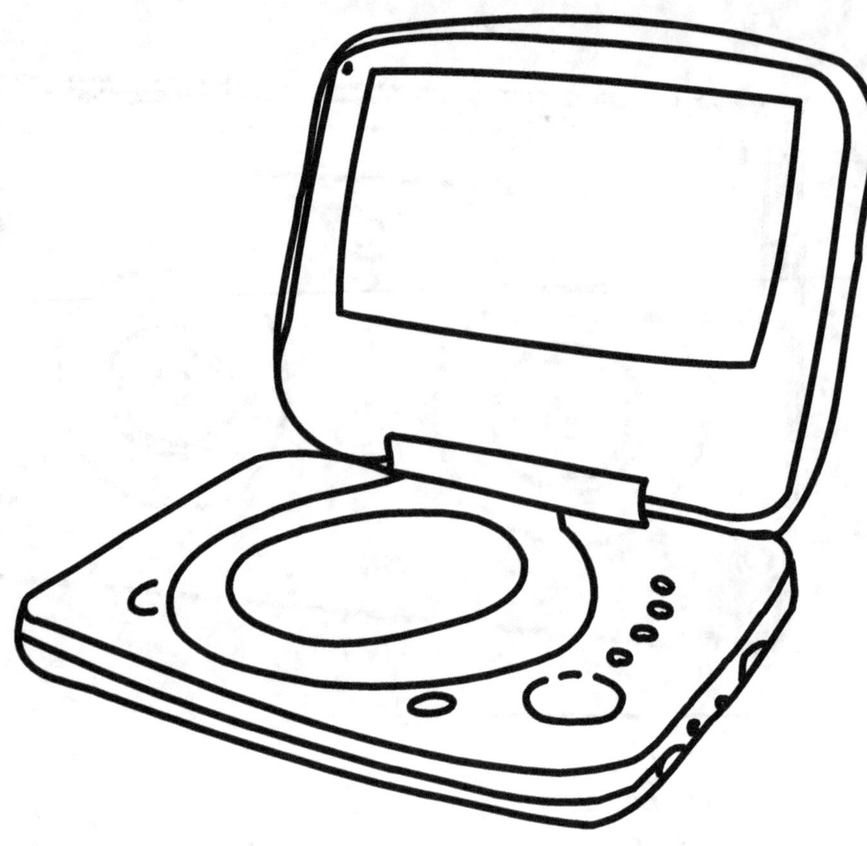

Tamaño
Discos de
4,7 pulgadas

Era
1996–década
de 2010

Formato
digital

Desarrollado por
Sony, Panasonic,
Philips, Toshiba

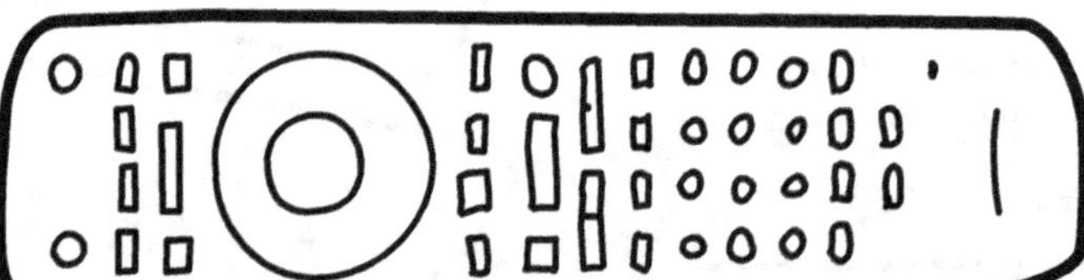

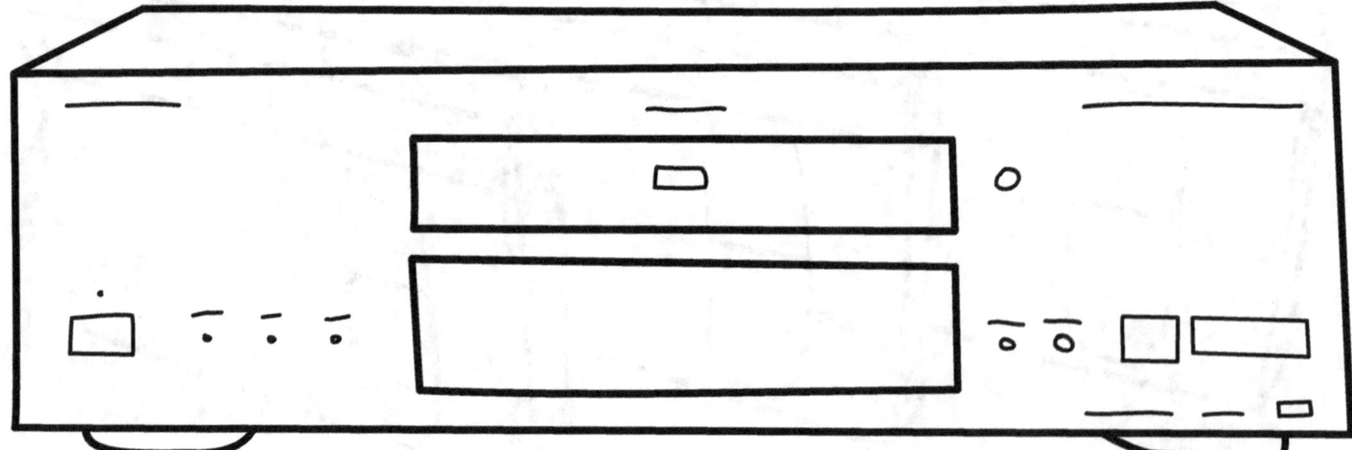

Dato curioso
Cada disco contiene uno o más códigos de región, que indican las áreas del mundo en las que se pretende distribuir y reproducir; los reproductores estaban "bloqueados" en una de las seis regiones específicas

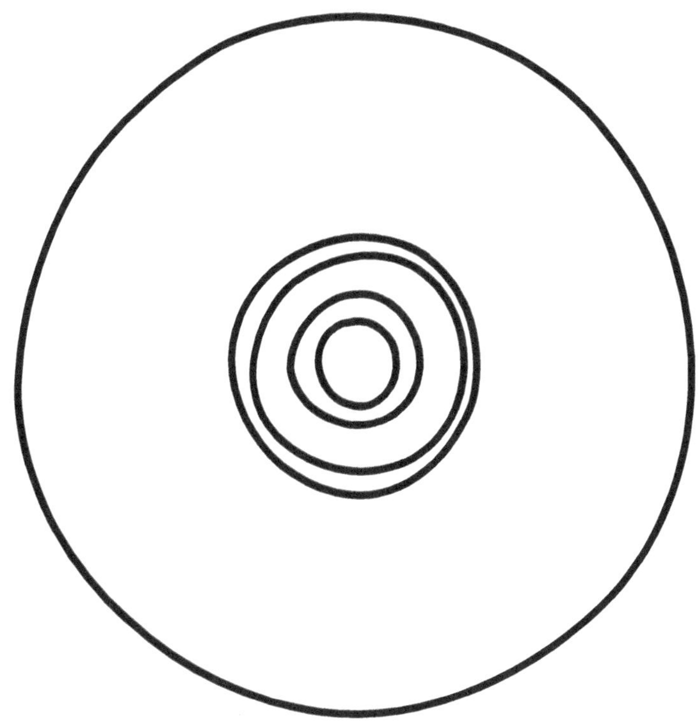

Dato curioso
Este formato fue el formato de video de consumo dominante en la década de los 2000

Dato curioso
Este formato permitió añadir funciones adicionales a una película, como pistas de comentarios del director y escenas complementarias.

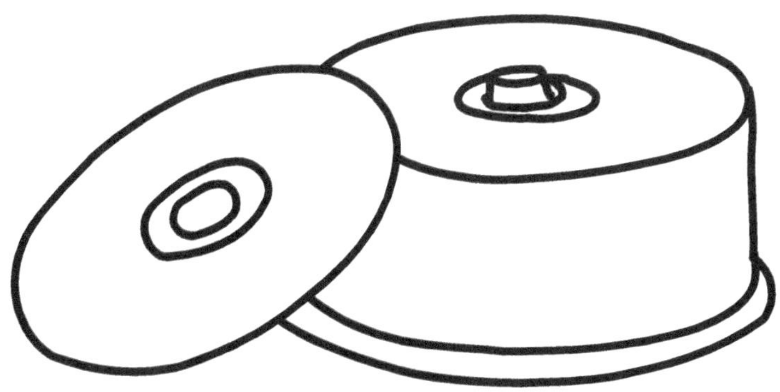

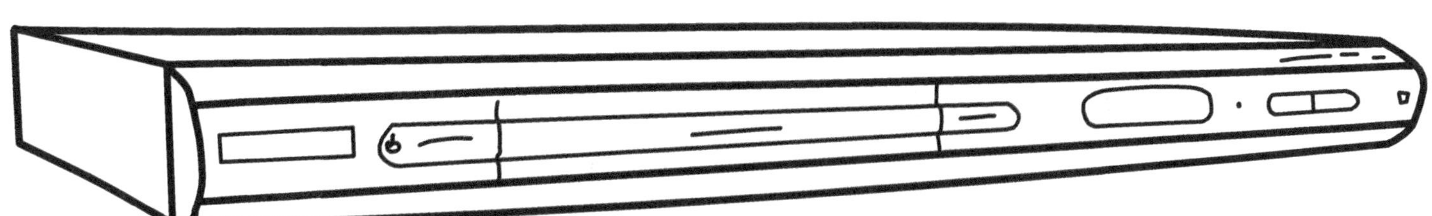

DVCAM

Formato
digital

También conocido como
DV

Desarrollado por
Sony

Capacidad
Pequeño: 40 minutos
Grande: 184 minutos

Tamaño
Pequeño: 6,5 × 4,8 × 1,2 cm
Grande: 12,5 × 7,8 × 1,5 cm

Era
**1996–década
de 2010**

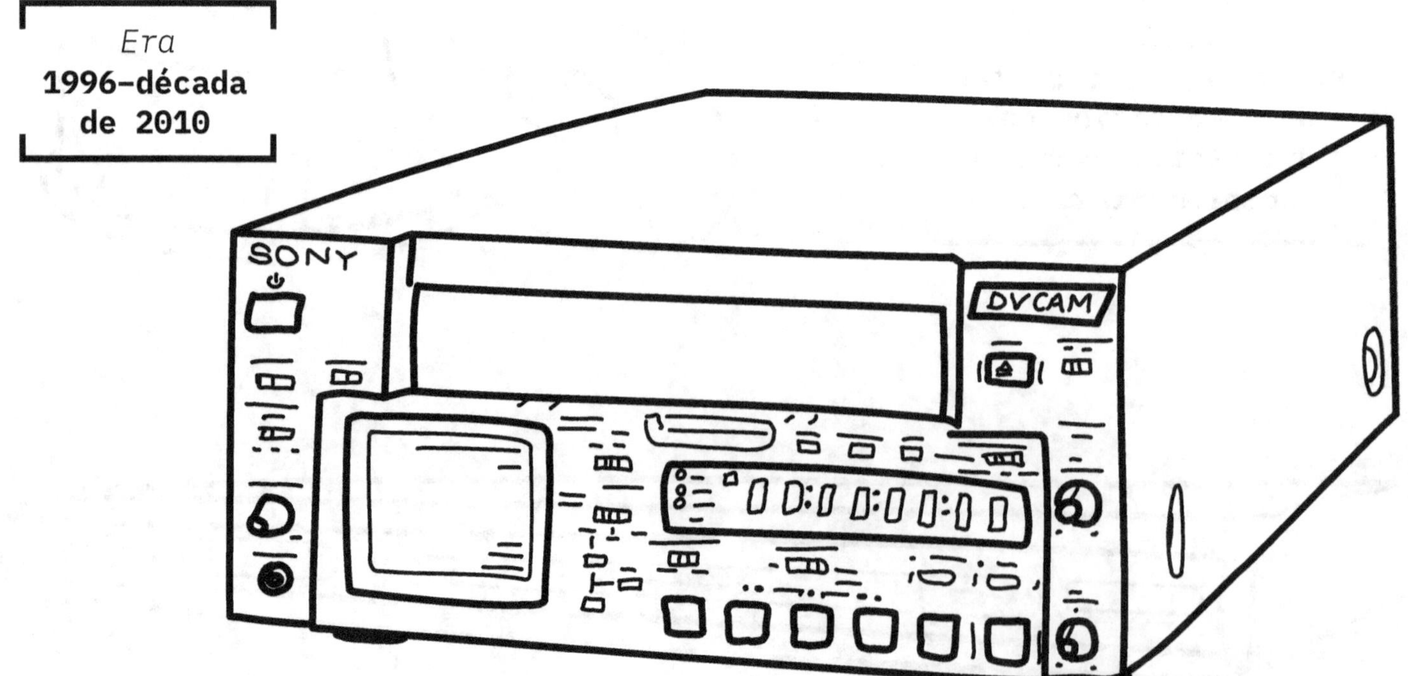

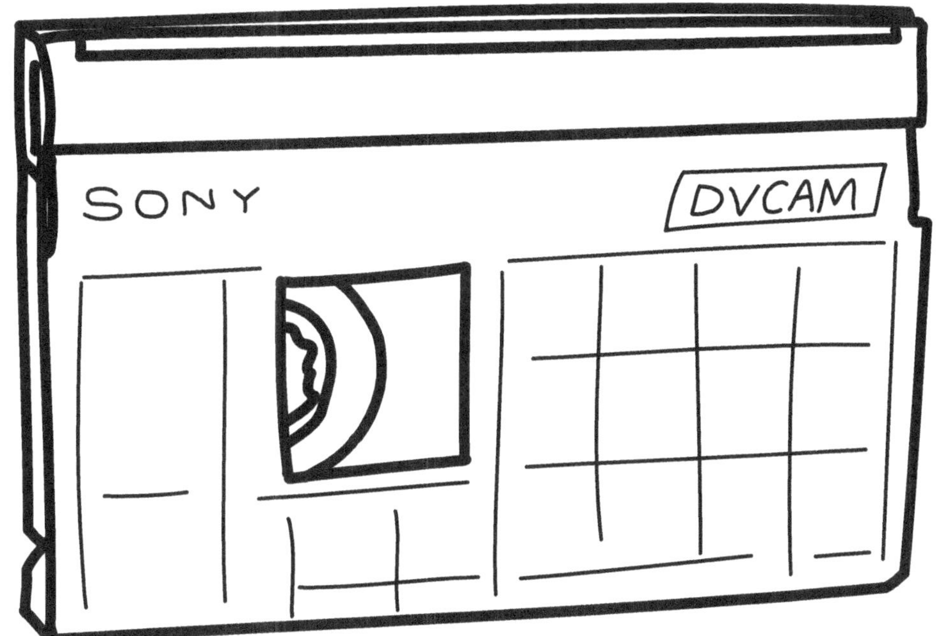

Muchos reproductores DVCAM de gama alta convertirían el audio desbloqueado en audio bloqueado durante la reproducción

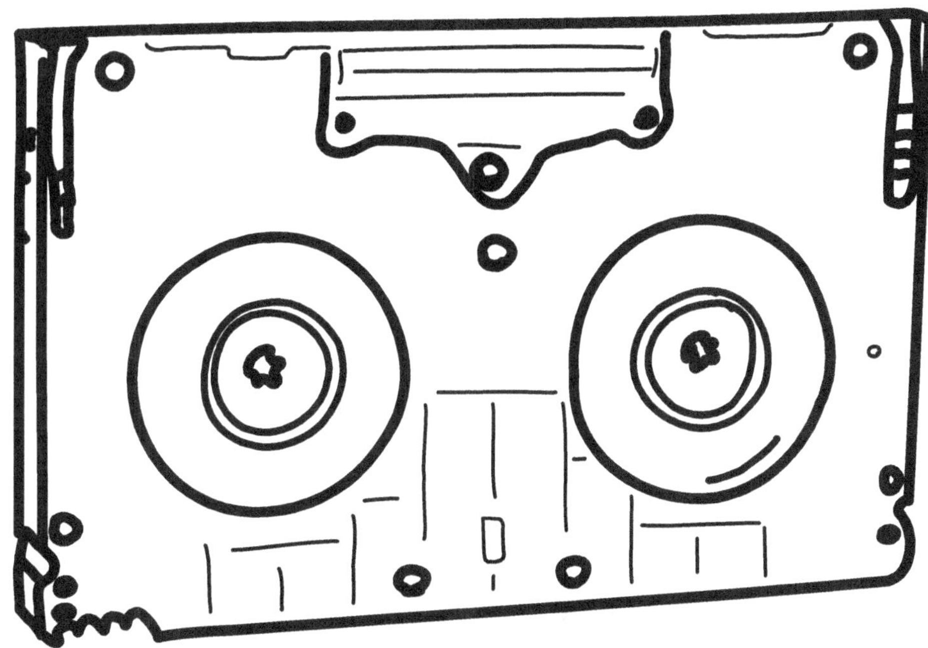

Este formato fue la respuesta de Sony al DVCPRO de Panasonic, ambos apuntados al mercado de video profesional en vez del de consumidor

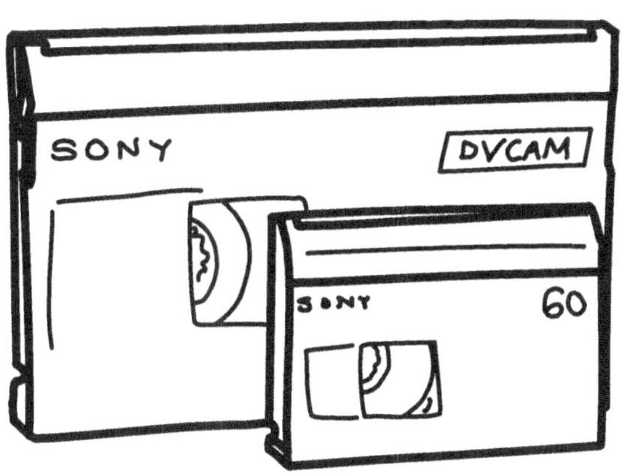

Este formato tiene pistas que son un 50% más anchas que las DV estándar, lo que proporciona mayor robustez y la confiabilidad

HDCAM

Era
1997–2016

Formato
digital

También conocido como
SMPTE 367M, D-11

Capacidad
Pequeño: 40 minutos
Grande: 124 minutos

Desarrollado por
Sony

Dato curioso
Los casetes HDCAM eran del mismo tamaño que la Betacam original pero tenían una tapa naranja distintiva (y los casetes HDCAM SR eran negros con una tapa cian)

Tamaño
Pequeño: 15,6 cm × 9,6 cm × 2,5 cm
Grande: 25,4 cm × 14,5 cm × 2,5 cm

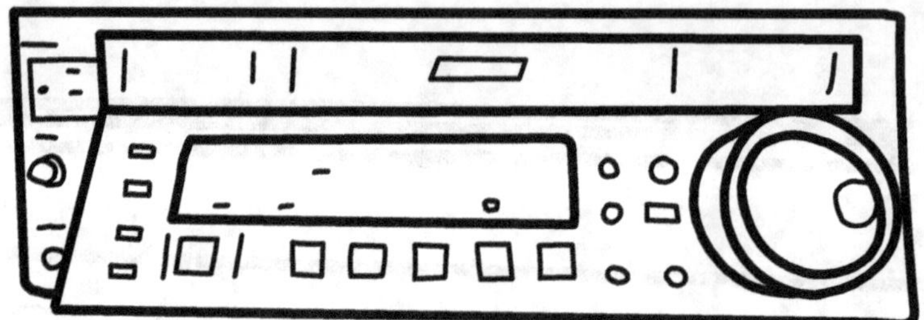

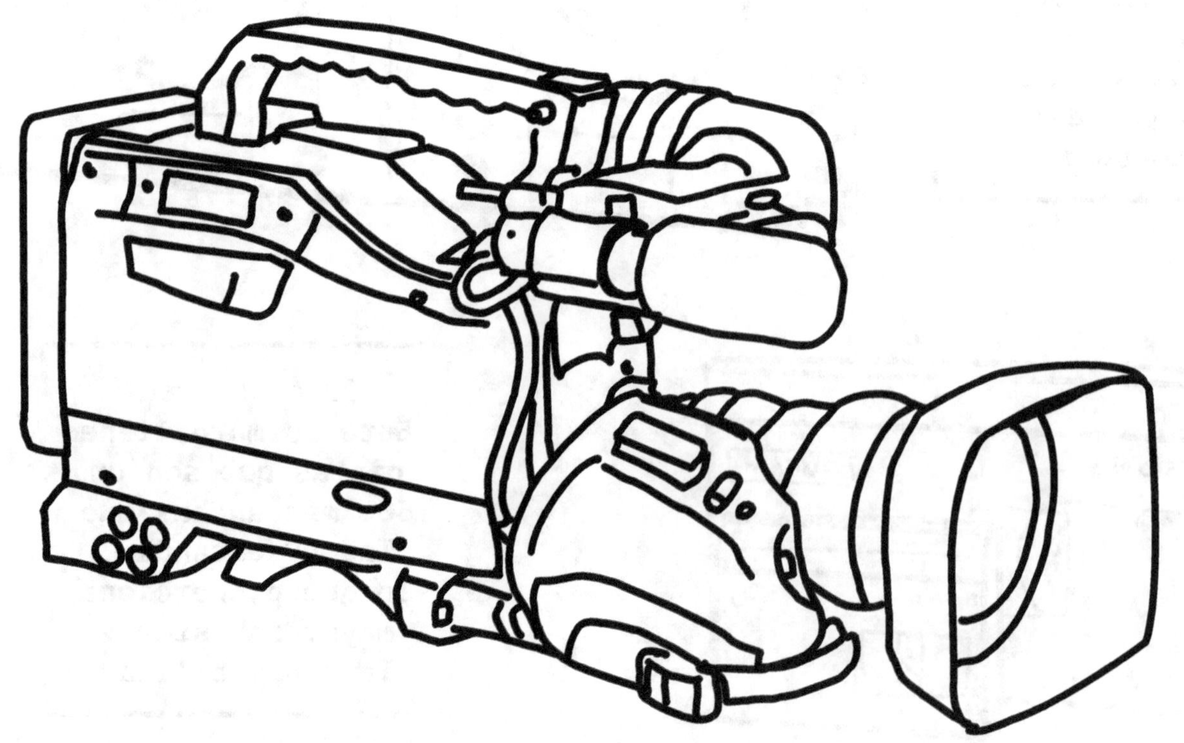

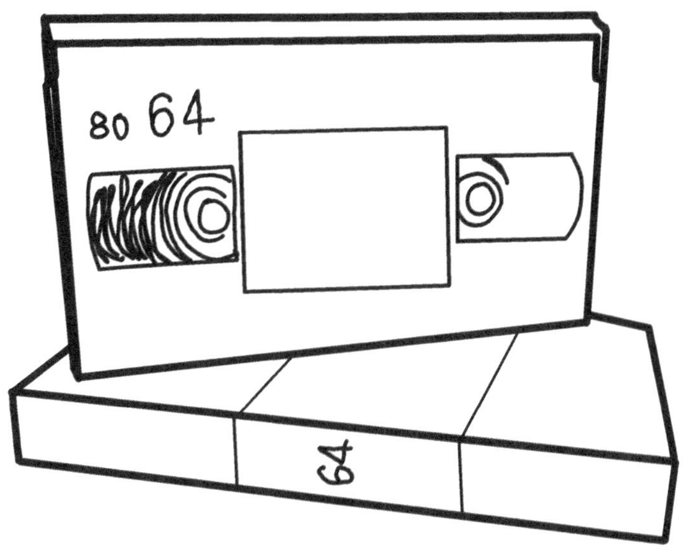

80 64
64

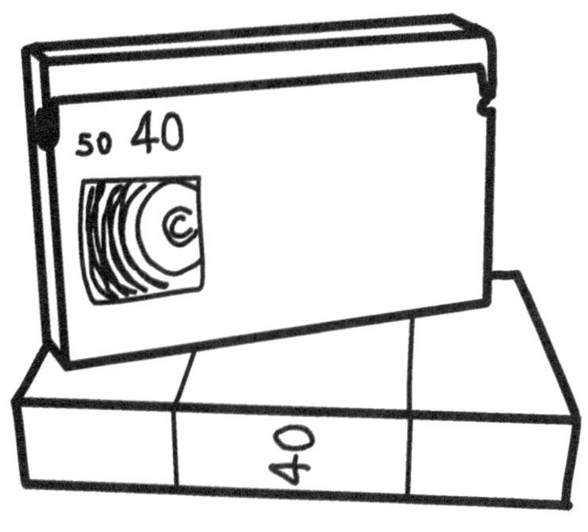

50 40
40

Dato curioso
Este fue el primer formato
de video HD disponible en
un casete de tamaño Betacam

Dato curioso
El códec de este formato
utiliza píxeles no cuadrados

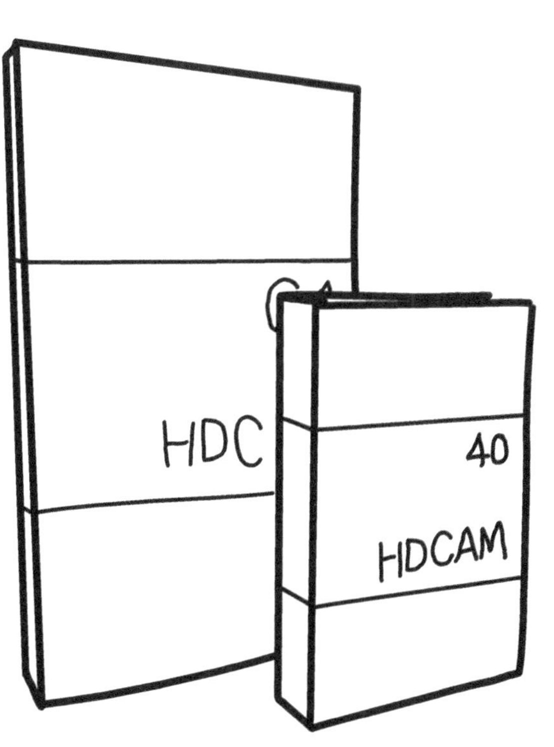

HDC
40
HDCAM

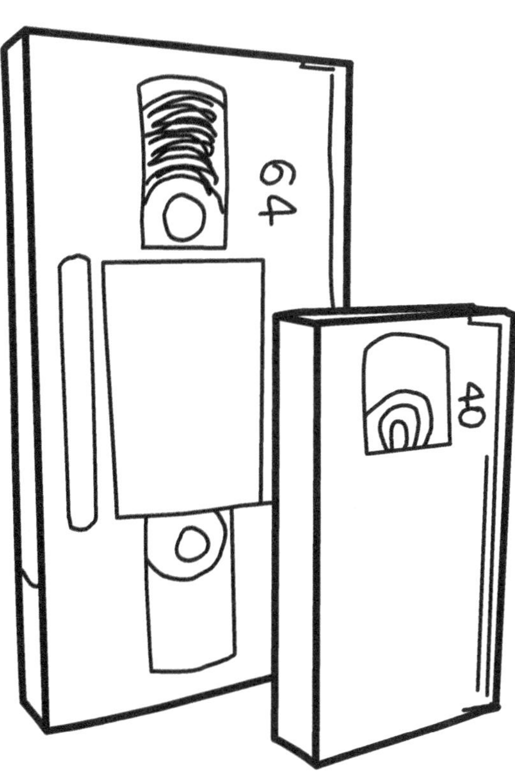

64
40

Digital8

Tamaño
9,5 × 6,2 × 1,5 cm

Formato
digital

Desarrollado por
Sony

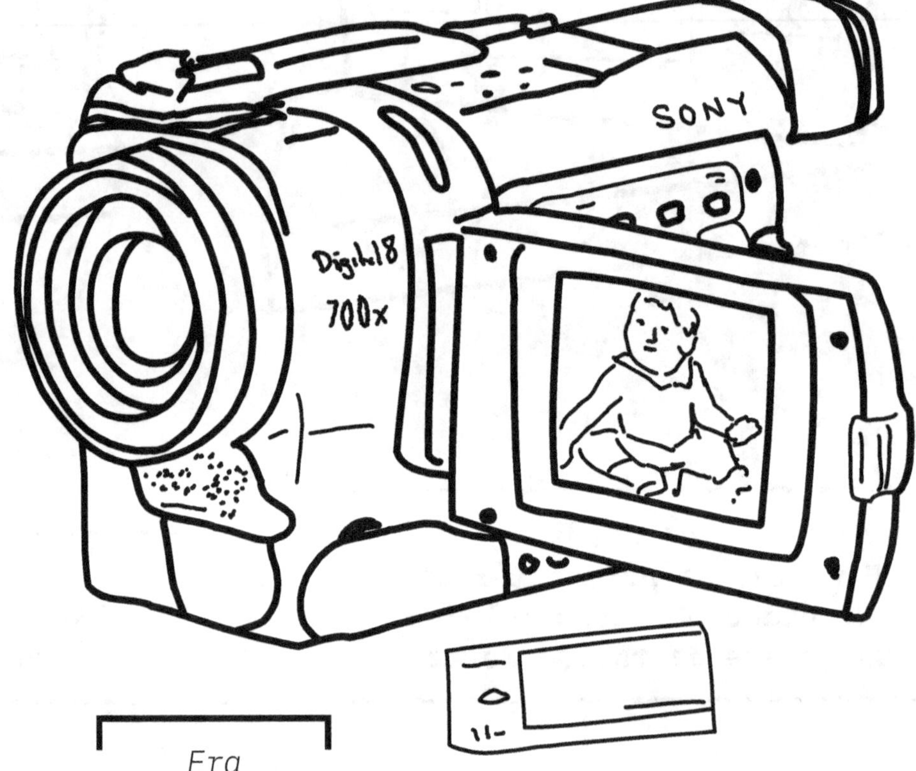

Capacidad
90 minutos

Era
1999–2007

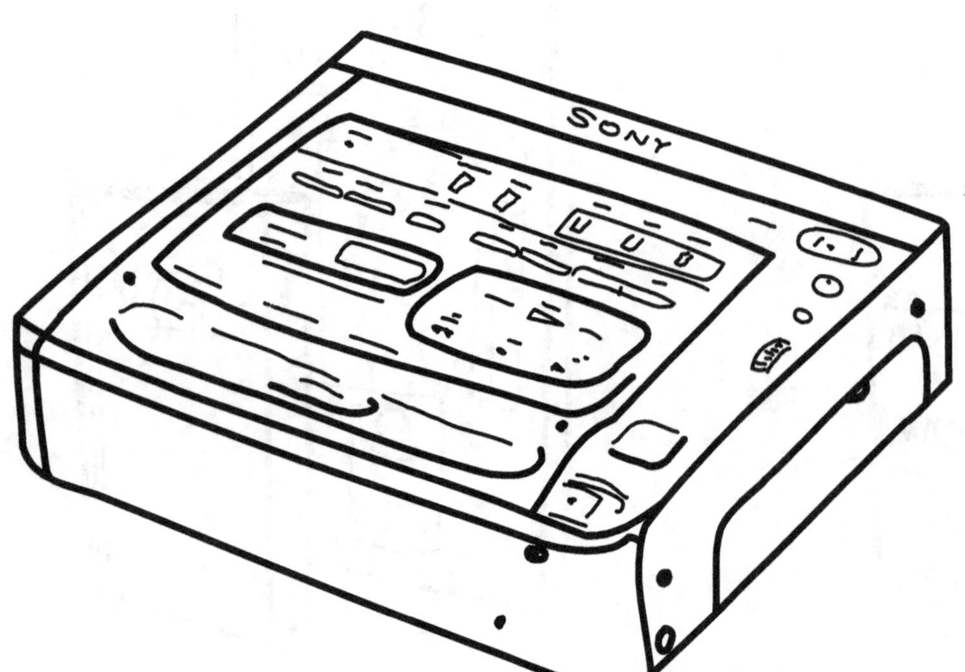

Dato curioso
Una cinta Video8 o Hi8 se puede grabar en modo digital, pero una cinta de 2 horas solo puede almacenar 1 hora de contenido digital

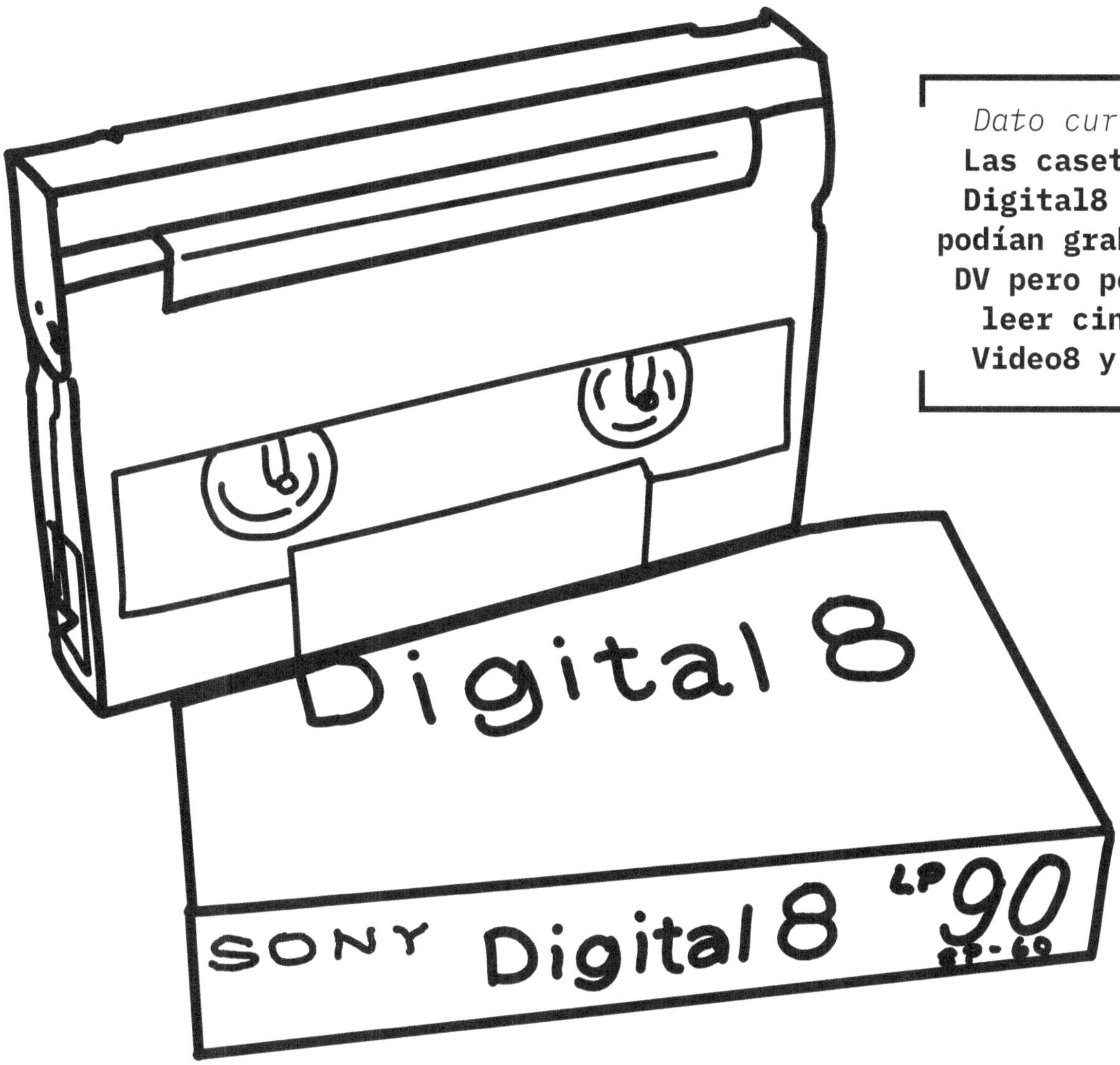

Dato curioso
Las caseteras
Digital8 solo
podían grabar en
DV pero podían
leer cintas
Video8 y Hi8

Digital 8
SONY Digital 8 LP 90
EP-60

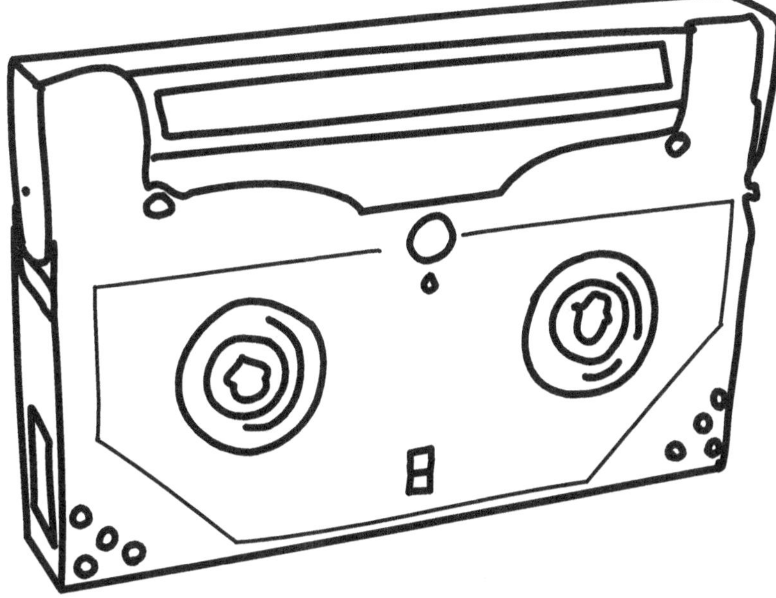

Dato curioso
Mientras que
los formatos
predecesores
de 8 mm, el
Video8 y Hi8,
eran analógicos,
Digital8
almacenaba
video digital

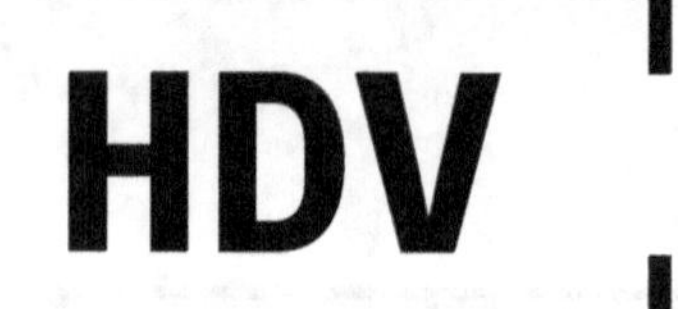

HDV

Dato curioso
Dos versiones principales de este formato fueron HDV 720p (HDV1) y HDV 1080i (HDV2); el primero fue utilizado por JVC y el último por Sony y Canon

También conocido como
HDV1, Vídeo de Alta Definición

Desarrollado por
HDV Consortium

Capacidad
MiniDV: 63 minutos
Standard DVCAM: 276 minutos

Era
2003–2011

Tamaño
MiniDV: 6,5 × 4,8 × 1,2 cm
Standard DVCAM: 12,5 x 7,8 x 1,4 cm

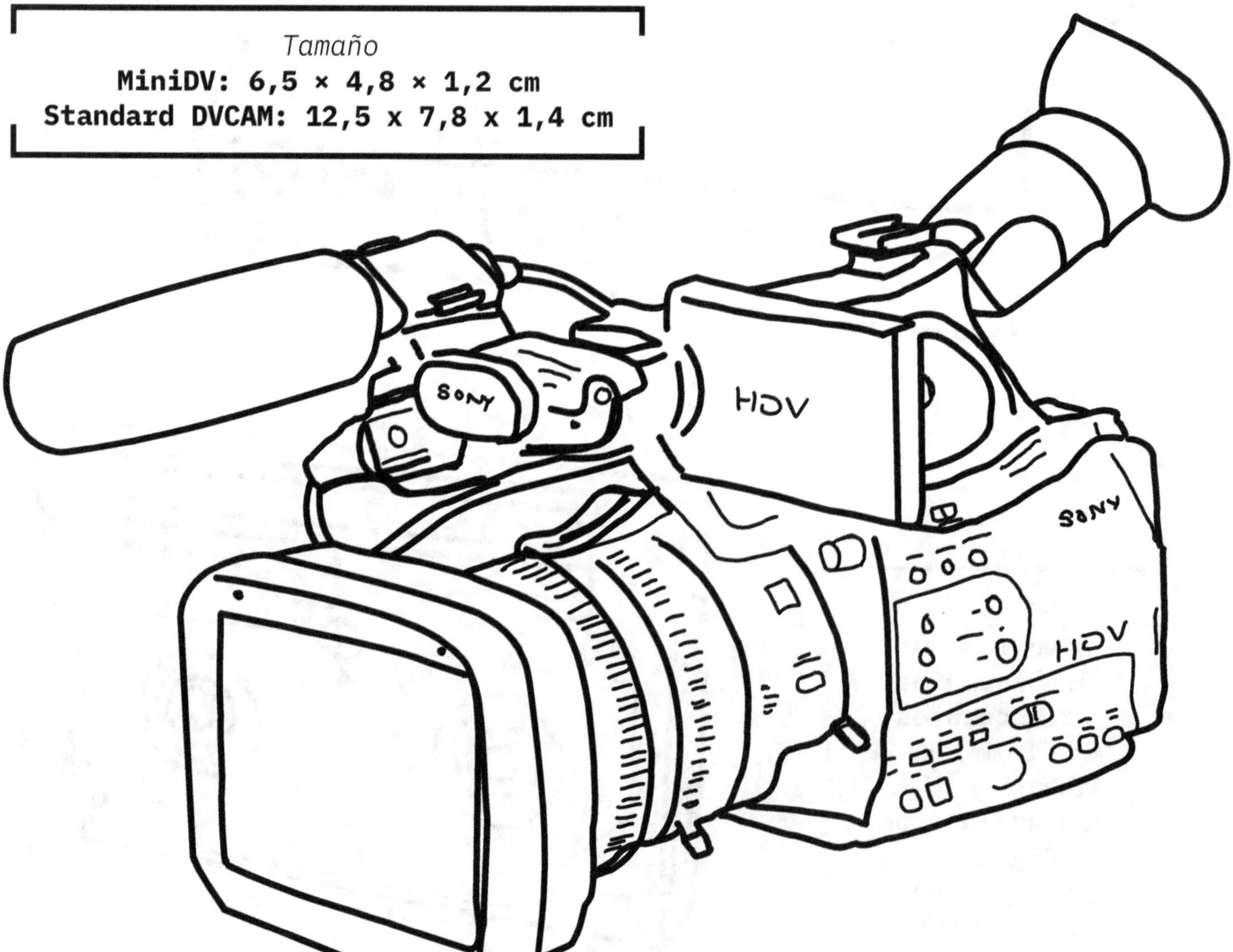

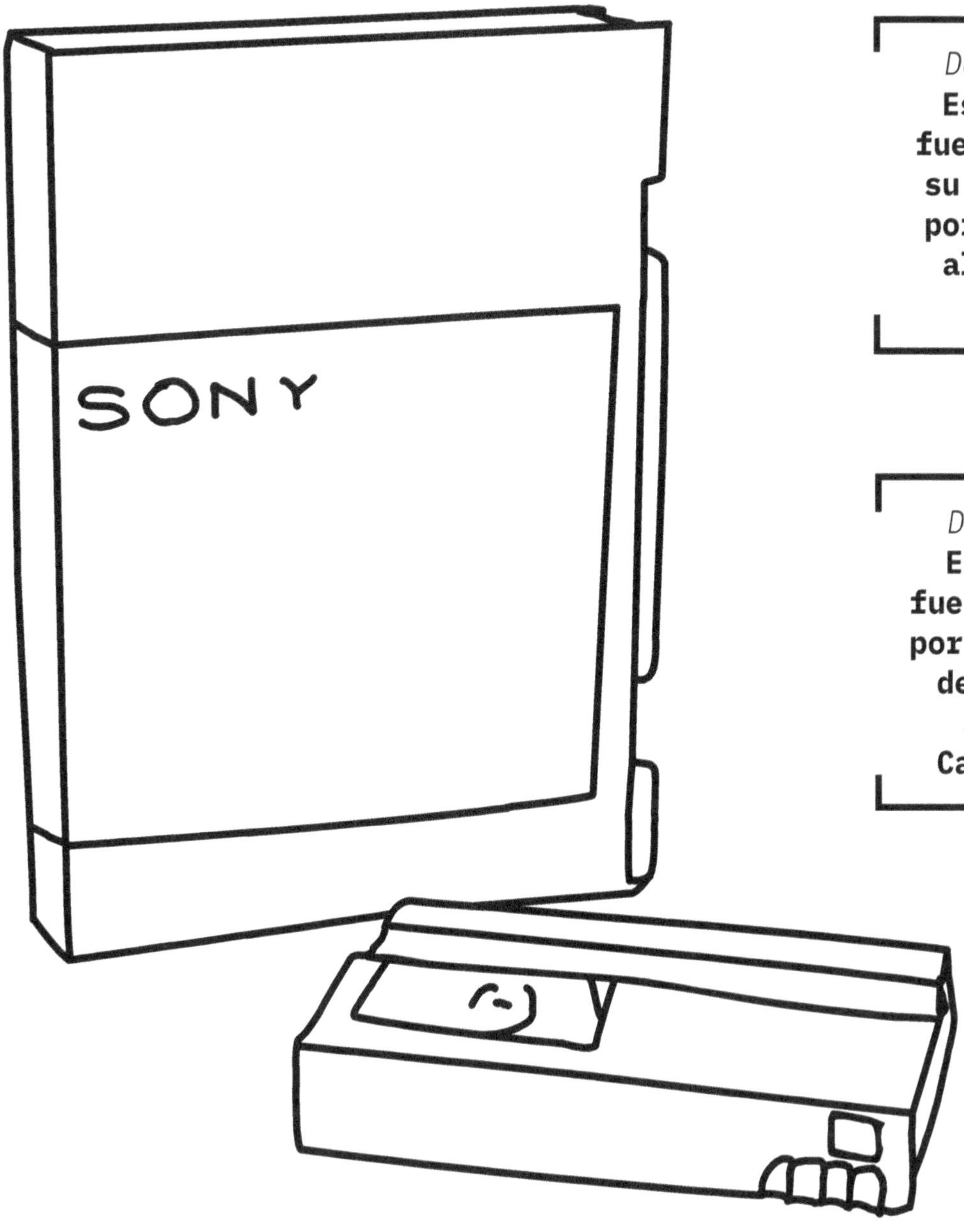

SONY

Dato curioso
Este formato
fue popular por
su bajo costo,
portabilidad y
alta calidad
de imagen

Dato curioso
Este formato
fue desarrollado
por un consorcio
de compañías:
JVC, Sony,
Canon y Sharp

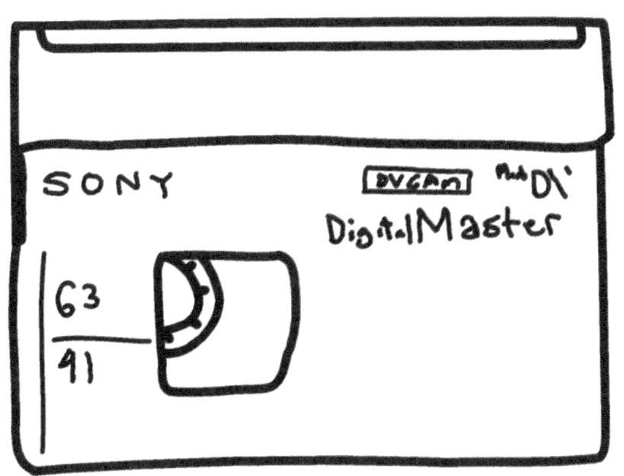

SONY
DVCAM   mini DV
DigitalMaster
63
41

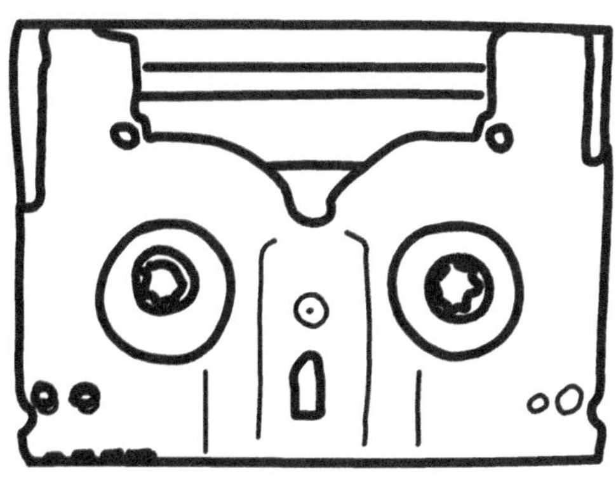

XDCAM

Formato
digital

Tamaño
Varios

Capacidad
Varios

Desarrollado por
Sony

Era
2003–década del 2010

Dato curioso
XDCAM utiliza tarjetas de memoria de estado sólido de acceso aleatorio para almacenar video digital

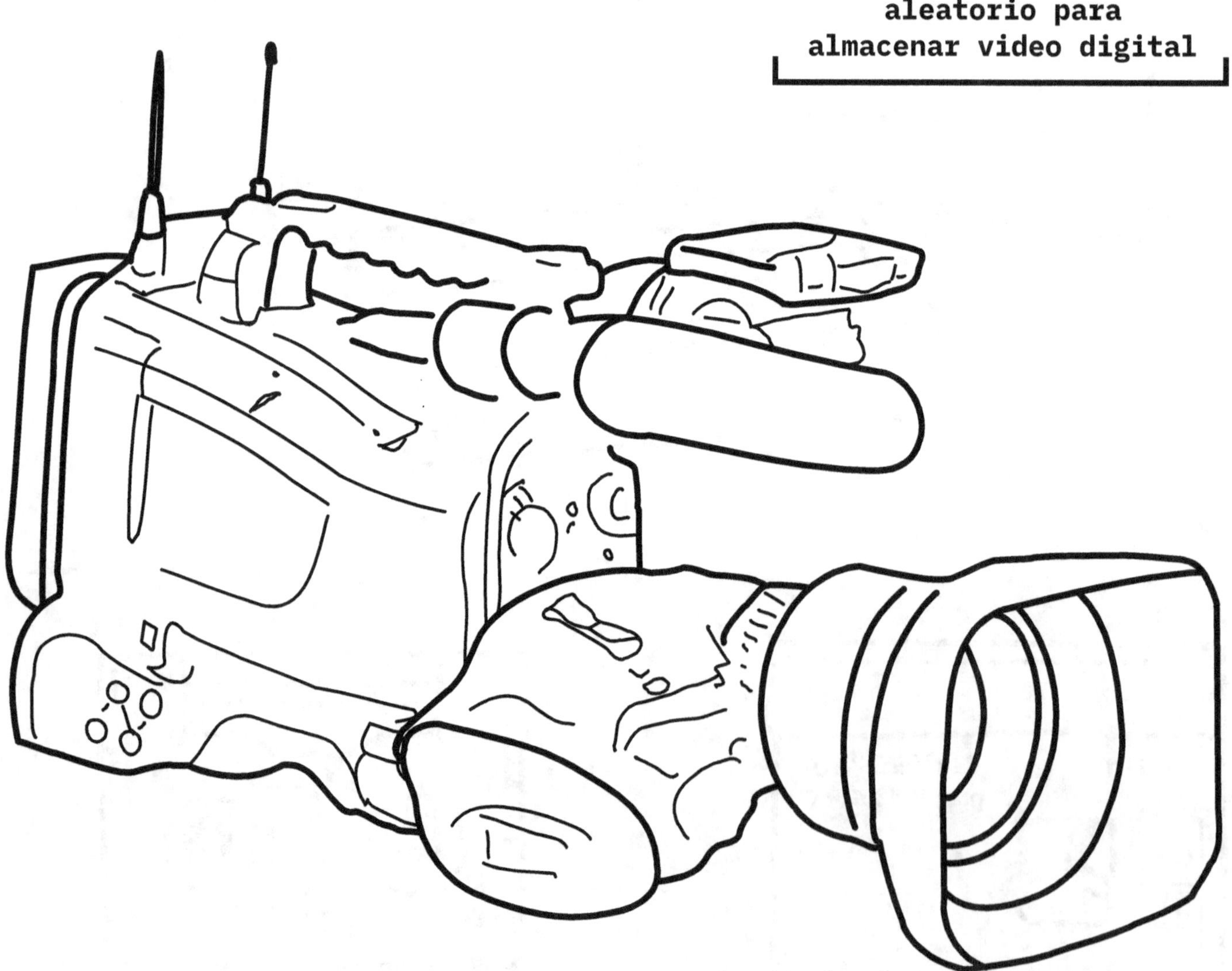

SONY
23GB
DISC

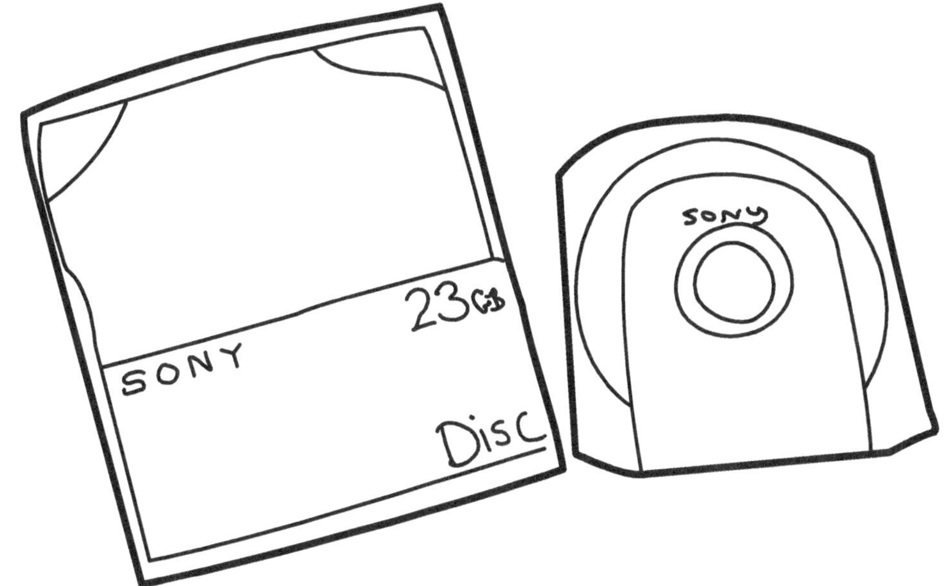

SONY
8
SxS PRO
SONY
SxS 8

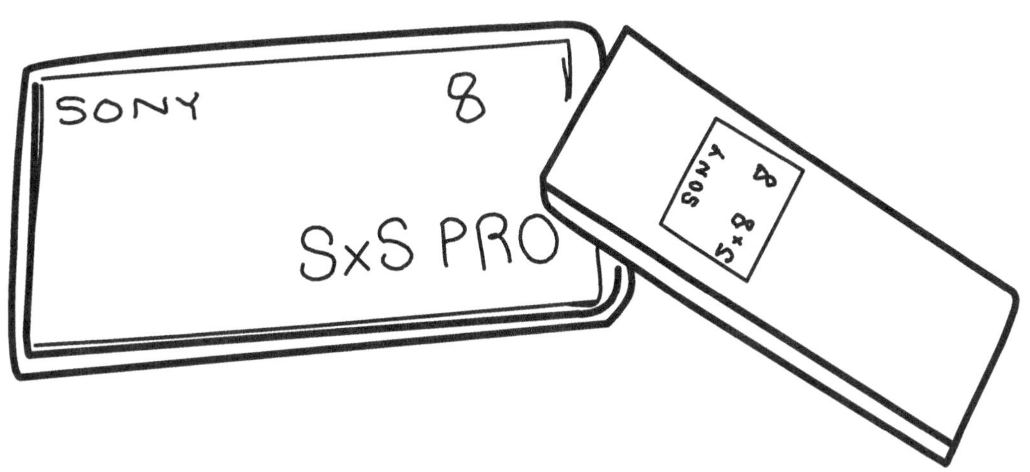

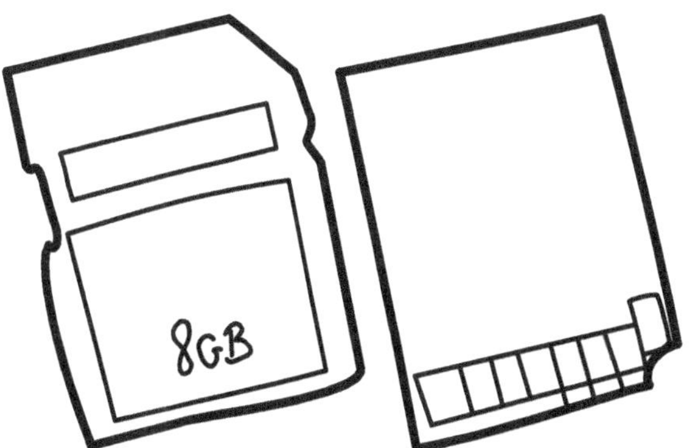

8GB

Blu-ray

Era
2006–década
del 2020

Tamaño
Discos de
4,7 pulgadas

Desarrollado por
Blu-ray Disc Association

Capacidad
25 GB (una capa),
50 GB (doble capa),
hasta 128 GB

Dato curioso
Si bien la mayoría de los discos no tienen regiones, el esquema de codificación de regiones de Blu-ray Disc divide el mundo en tres regiones, etiquetadas como A, B y C

Dato curioso
Estos discos pueden tener hasta cuatro capas, y cada capa ofrece más capacidad potencial

También conocido como
BD

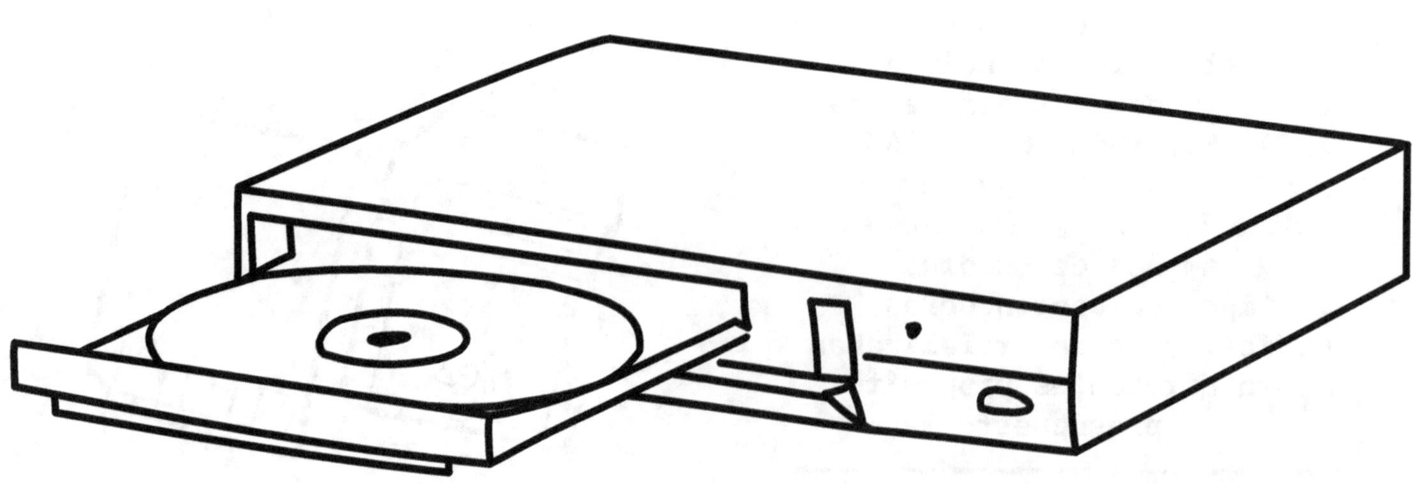

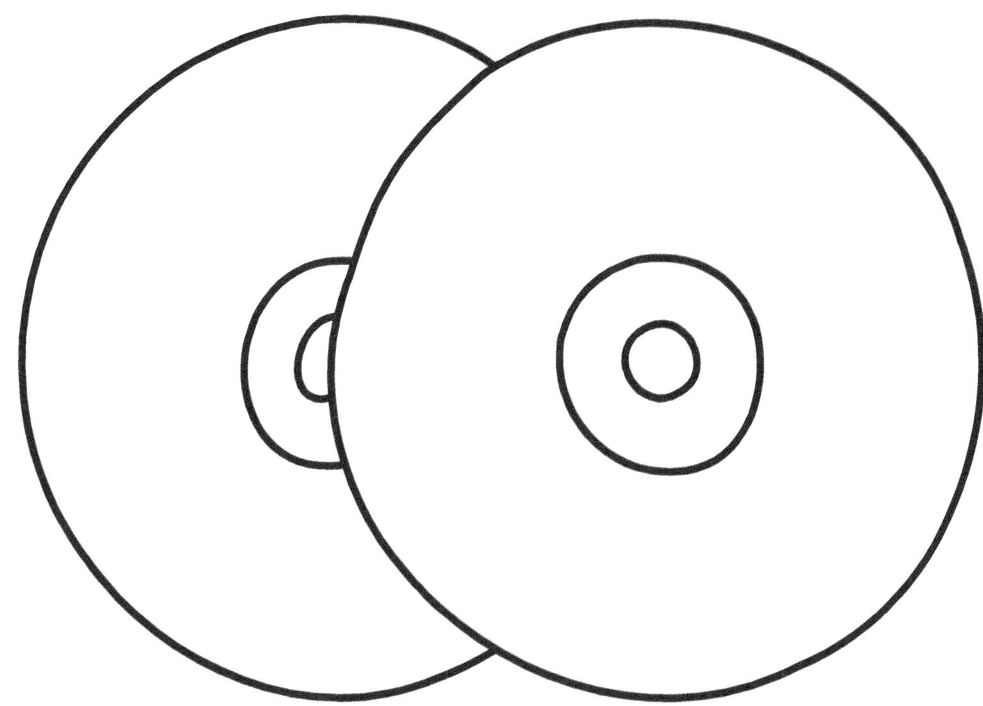

Dato curioso
El nombre de este
formato se refiere
al láser "azul"
(violeta) que se
usa para leer
el disco, el
cual es más
potente que
el láser rojo
(de longitud
de onda más
larga) que
se usa para
el DVD

Discos Blu-ray y DVD
son del mismo tamaño

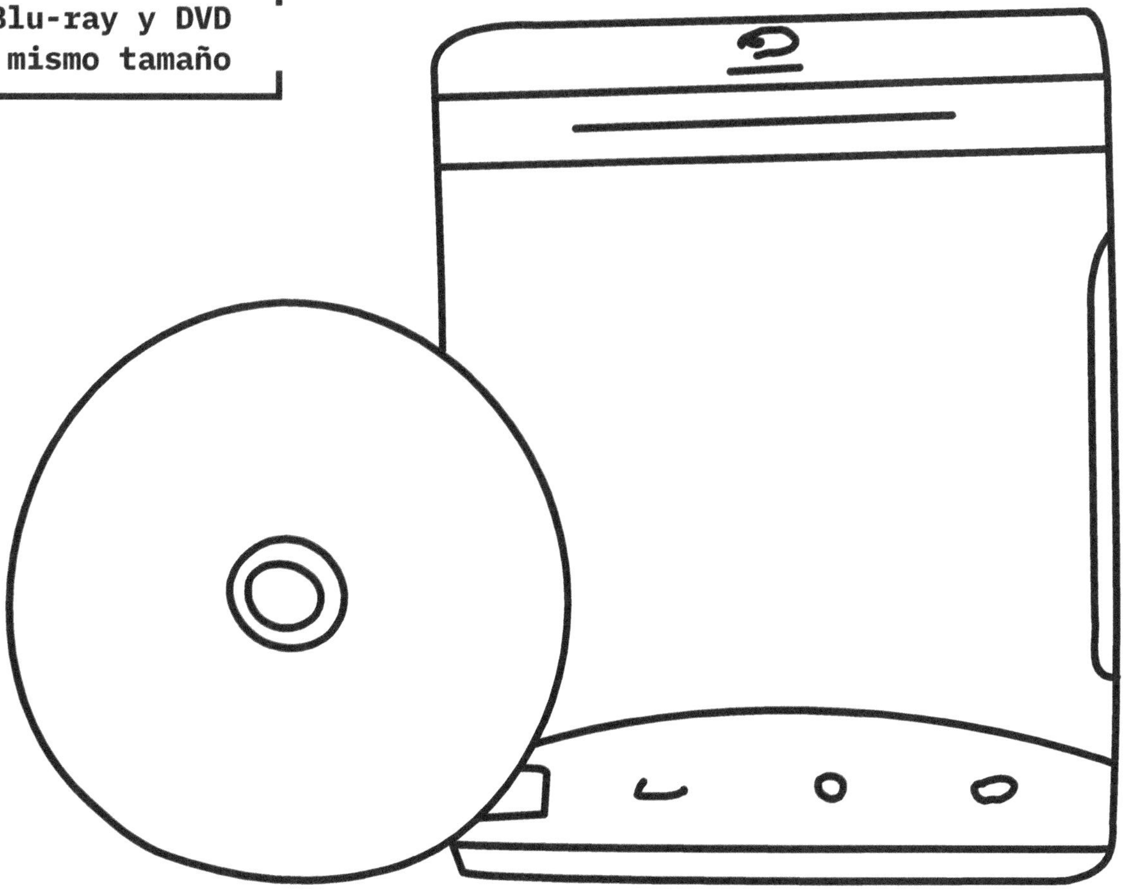

Agradecimientos

Gracias a mis revisores técnicos: Michael Henry Grant,
Libby Hopfauf, Jackie Jay y Ben Turkus. Su conocimiento me
inspiró, sus anécdotas me reconfortaron, su entusiasmo me
motivó y sus percepciones se extienden mucho más allá de
las páginas de este libro.

Muchas gracias a Valeria Dávila por traducir este trabajo.

Y, por supuesto, gracias a Rory: por escuchar sin cesar mis
esperanzas y sueños, y apoyar cada una de mis ambiciones.
Por todo.

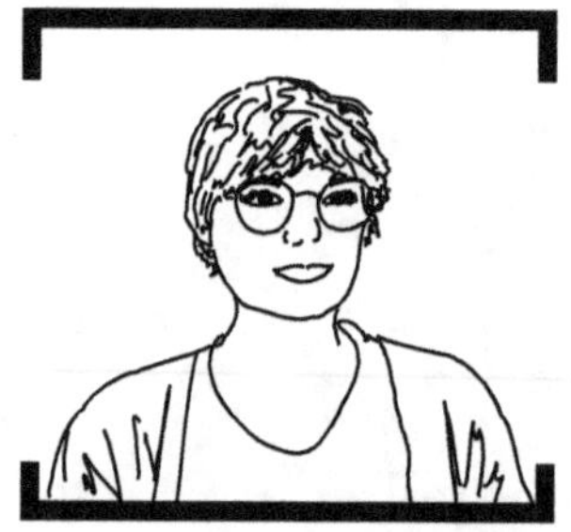

Sobre la Autora

Ashley Blewer es una archivista,
educadora y desarrolladora de
software con más de una década de
experiencia trabajando en formatos
multimedia. Ashley se especializa
en formatos de video y audio,
preservación digital y
comunicación.

Obtenga más información en
https://ashleyblewer.com